人生本就不易，你要学会止损

▶ 写给在十字路口努力张望未来的你

沫 沫 著

山东文艺出版社

图书在版编目（CIP）数据

人生本就不易，你要学会止损 / 沫沫著. — 济南：山东文艺出版社，2017.5

ISBN 978-7-5329-5465-0

Ⅰ. ①人…　Ⅱ. ①沫…　Ⅲ. ①成功心理—通俗读物　Ⅳ. ① B848.4-49

中国版本图书馆 CIP 数据核字 (2017) 第 051771 号

人生本就不易，你要学会止损

沫沫　著

主管单位　山东出版传媒股份有限公司

出版发行　山东文艺出版社

社　　址　山东省济南市英雄山路 189 号

邮　　编　250002

网　　址　www.sdwypress.com

读者服务　0531-82098776（总编室）

0531-82098775（市场营销部）

电子邮箱　sdwy@sdpress.com.cn

印　　刷　河北鹏润印刷有限公司

开　　本　880mm × 1230mm　1/32

印　　张　7.75

字　　数　141 千

版　　次　2017 年 5 月第 1 版

印　　次　2017 年 11 月第 3 次印刷

书　　号　ISBN 978-7-5329-5465-0

定　　价　32.80 元

目录
CONTENTS

Part 1　不是所有的感情，都值得你坚持到底

Part 4 止损：摆脱一错再错的陷阱

Part 1

不是所有的感情，都值得你坚持到底

01 这世界，没有谁离开谁就不能过

* 告别时都爱强装洒脱，告别后都在强忍想念，躲得了对酒当歌的夜，躲不了四下无人的街。

* ——卢思浩《离开前请叫醒我》

他之所以成为她的盖世英雄，是因为她的世界太小。

与舒行在一起将近十年，她说这是她一生中最惊心动魄的十年，也是最缺乏安全感的十年。

这年头儿，人人都在说安全感，但安全感到底是什么?

舒行是公务员，可是基层公务员的薪水其实很微薄，根本就养不起他和张荷两个人，只是舒行对张荷隐瞒了实情。

张荷毕业的头一年没有工作，她专心复习考研，舒行也同意。

考虑到经济的问题，他们两个人同居了。舒行每天上班，而张荷窝在家里拼命复习，给舒行做饭、洗衣、收拾屋子，像个田螺姑娘。

她必须让自己忙碌，否则就会胡思乱想：舒行为什么不给我打电话？为什么不回家吃晚饭？为什么没有发现我换了发型……她的世界越来越小。

生活很快暴露了残酷的真相：张荷的爸爸得了腰椎间盘突出，需要一大笔钱做手术，打电话来找她要钱。

她放下电话失声痛哭。自己没工作的事，家里人并不知道，她还跟他们说，自己找了一份很不错的工作，是在一所大学里当辅导员。

晚上，张荷忐忑不安地告诉了舒行。舒行眉头紧皱，那笔钱对他来说也是天文数字。

张荷看见舒行迟疑了，着急地说："怎么？你不愿意帮我？我爸爸需要拿钱救命呢。我谁都不能指望，只有靠你了……"

舒行感到窘迫极了，过了半晌，还是摇摇头。

"舒行，跟你在一起我很没有安全感。我每天都怕你工作不顺心，怕你不高兴。我总是看着你的脸色，小心翼翼地说话。我活得太憋屈了……”

她的话还没有说完，舒行一拳就砸向了墙壁，手背上鲜血淋漓，张荷尖叫一声，旋即捂住了嘴巴。

“你没有安全感？我有吗？安全感就是个王八蛋，不属于穷人！没钱就没有安全感！这一年多，我承受了多大的压力，你知道吗？我的工资有多低，你问过吗？我把三张信用卡都刷爆了，只为了给你买花，买衣服，买戒指，给你过生日，哄你开心！我为了挣钱，去炒股，股票又被套住了，现在负债十几万元，这些你都知道吗？你什么都不知道！”

舒行跌跌撞撞地跑出去，喝了酒，半夜才回来。

张荷烧了书，她不再考研了。舒行说得对，对穷人来说，安全感就是奢侈品，甚至是连爱人都无法给予的东西；爱情里什么都有，就是没有所谓的安全感。

张荷哭着对我倾诉道：“我离不开他，不能没有他……这一切，都是因为我从小就缺乏安全感。父亲去上班，常常把我一个人锁在屋里，黑黢黢的，我多想有人破门而入把我救走……我以为舒行是那个人，起初我很依赖他，觉得他是我的王，可以为我赴汤蹈火，解决一切问题……可事实证明，他不是。我等的那个人老也不来，我可能等不到了……”

@ 006

“我不能没有你”是爱情故事里的经典台词。

太多人对爱情的理解都是错误的。有人把依赖当成爱，有人把爱自己当成爱别人，有人付出一切以控制爱人：他们以为那些就是爱。

爱人不是一件物品，是活生生的人，会改变会成长；试图控制的一方，总会焦虑不安，没有安全感。离开谁你都能活得很好，只是你已经享受到被爱的美好，深深地陷入了害怕失去的恐惧中；你坚信离开另一方你会活不下去。可那不是爱，或者说爱已经变质，变成了一种恐惧。

大家都忘了，这个世界上，没有谁离开谁就不能过下去。

你曾以为他是你的所有，所以当他逃离你的世界时，你觉得整个世界都坍塌了，你被困在里面，无法脱离。

其实，困住你的不是别人，正是你自己，你总感觉没有了他就活不下去。人们太容易沉浸在痛苦中，一直带着痛苦往前走，它使我们变得渺小，变得懦弱，变得憔悴不堪。

为什么不能勇敢一些，试着将他忘记？忘记一个人，并没有你想象中的那么难。最孤独的时光可以塑造出最好的一个你，然后你便可以云淡风轻地笑着对旁人说起那些过去。

你终会明白，他并不能构成你的全世界。当我们回过头去看的时候，应当笑着回忆那些令人难过的事。它教会了我们成长，让我们懂得，成长意味着会流泪，会痛苦，然后我们才会变得坚强，变得独立。

这一切的一切，都使你成为更好的自己，也是你不可缺少的历练。

也许在一起的梦想永远都实现不了了，但是你却一天天地努力着，成了当初梦想中的自己。

02 女人要的安全感，是钱也是爱

* 感情的安全感不全来源于每天彼此说我爱你，也不全来源于恨不得24小时都待在一起。当两个人的关系处于崩溃边缘，之后依然没有彼此放弃，这种经过考验的感情才更具有安全感。

* ——刘同《你的孤独，虽败犹荣》

刘瑜和青豆是在一次聚会上认识的。同样漂泊在大城市的两个人，在发现了对方都是单身之后，就相互交换了联系方式。青豆长得眉清目秀，举止彬彬有礼，刘瑜对她的第一印象很好。经过简单的询问，刘瑜发现她的工作也不错——虽然工资不高，但是很稳定。而刘瑜自己，则是一家大公司的高层人员。两个人家庭条件也不错，如果结婚的话，肯定能买上一套房子。

刘瑜和青豆都是这么盘算的，因此两个人一拍即合，很快就发展成了情侣关系。

恋爱原本是幸福而甜蜜的，但是刘瑜却不这么觉得。

他曾经这样对自己的哥们儿说："我感觉我和她见面太频繁了，其实每个周末出来吃顿饭就行了。我更愿意和你们一起出去喝酒。"

不过，在青豆的要求下，他每天晚上八点都会给青豆打个电话，问候一下。通话时间不长，每次都控制在十分钟以内。

青豆呢，则美滋滋地打起了自己的算盘：从此以后，可以有套自己的房子住了，不用再到处搬家，还可以存点钱。至于对刘瑜这个人，她虽然没有太多的感觉，但反正也不讨厌。

两个人各有各的想法，不过最终的结论都是一致的——可以把对方发展为结婚对象。

三个月之后，刘瑜和青豆就办了婚宴。不过，婚宴之后他们俩之间开始出现了分歧。

说好了刘瑜付房款的首付，婚后两人一起还贷，但刘瑜坚持在房产证上只写他一个人的名字。青豆说，这不公平，因为贷款是两个人一起还的，首付只占房款的50%，凭什么只写一个人的名字？

两个人都是受过高等教育的人，大家和和气气地表明了自己的态度之后，青豆突然问了一个问题："你爱我吗？"

刘瑜愣住了。在他心中，青豆是一个很合适的结婚对象，他觉得她会是一个好老婆。但是爱不爱的，他真的没有考虑那么多。

刘瑜慎重地思考了一下，回答道："不爱。"他知道，现在说"爱"这个答案，并没有什么说服力，青豆也不会相信。他们之间的感情基础实在太薄弱了。

青豆也想了想，然后又问了一个问题："那咱俩为什么要结婚？"

很快，刘瑜和青豆就和平分手了。双方都没有在心灵上留下什么创伤。因为他们知道，在这个城市里，像对方那样的人还有很多，再找一个也不难。

谈到爱情，很多人会以功利主义的态度嗤之以鼻，说："爱有什么用？又不能当饭吃。"还有的人会抱着看破红尘的心态说："爱都是虚无缥缈的，只是双方的美好想象而已。"

但是，正是爱情，让我们在双方面临分歧的时候，能够设身处地地为对方着想，能够做出妥协和让步。

如果和恋爱对象在一起的时候，你发现自己像故事里的刘瑜一样，心里常常会计较自己付出了多少时间、多少精力，那么及时放弃这段恋情，才是明智的做法。

我的闺密小七的爷爷患了癌症，在临去世之前，他说想喝茶。小七的妈妈赶紧问他，想喝什么茶。

她把耳朵凑在他嘴边，半晌，流下了两滴眼泪。

其他人不明白怎么回事，赶紧上前询问。

原来，小七的妈妈听到老人用极其微弱的声音说："想喝三小姐的茶。"

小七的奶奶是广东人，家里是开茶馆的。奶奶排行第三，年轻的时候人称"三小姐"。

三小姐没有什么出奇的地方，但是小七的爷爷当年天天去找她，和她有说不完的话。

这么多年，小七的爷爷和奶奶在战乱中也没有相互离弃，在灾年里相互扶持，一路走到了生命的尽头。

生活就是在一起好好过日子，而爱是两个人好好过日子的动力。无论贫穷还是富贵，无论疾病还是健康，无论生活是好是坏，你都愿意和你爱的人在一起。哪怕岁月已经把你们的感情冲淡，但他或者她毕竟是你选择的那个爱人，没有谁能抹去他或者她在你生命中留下的印记。

相反，如果两个人相互之间没有爱情，那么你会觉得，对方只不过是芸芸众生中的一员，是你心灵之外的过客，那么对于这种凑合来的关系，还是及早放手吧。即使你们两个门当户对、条件匹配，两个人在以后的岁月里也会发生无尽的摩擦。而且，最让你后悔的是，你不明白自己当初为什么要和这个人结婚——因为你从来都没有爱过他（她）。

爱情是宝贵的，但是爱情不是人生中的一笔投资，不可以通过一般的利益模式来计算。也许有的时候，双方都付出了很多，也不一定能换来双赢的结局。如果两个人相互之间没有共同语言，两个人之间彼此产生的损耗，可能比创造的快乐还要多，那么，在这种情况下，何不及时放手，给对方也是给自己一条生路呢?

03 最怕你掏出来的是心，换回来的是刀子

* 所以说，那个……等价交换啊！我把我的人生给你一半，你的人生也给我一半吧。

* ——荒川弘《钢之炼金术师》

在我印象中，S 从来没有穿过短袖，哪怕是在炎热的夏天，她也是穿着长袖出来。因为在她胳膊上刻着LY——那是一个人名字的缩写，那个人是她曾经最喜欢的人。她那么努力地去爱他，最后也没能逃过分手的结局。

S 说："我怕自己哪天就把他忘了，所以想在自己身上留下点标记。"

关于和LY 之间的事，S说她真的感到累了，在他身上实在是浪费了太多的光阴。自己身边明明有更好的人可以去爱，而且不用花费力气就可以过得比现在好。只是因为她还对他心存幻想，所以才一而再，再而三地给LY伤害自己的机会。

她的朋友们都看不过去了，只要LY一来找她，她的舍友便用力关门，让声音响彻整个楼层，以示对S的反对。可是这种抗议对于S来说，一点效果都没有。

S说："你们是不会明白我的感受的，我在他身上已经花费了十年的光阴，几乎是整个青春，现在突然让我放手，我怎能甘心？"

那时，S常常帮LY补习功课到深夜，为他打理好生活中的一切琐事。总之是费尽心力地去讨LY的欢心。

有次LY告诉S他没钱了，她立刻就把自己的生活费给了他，而且是倾囊相授。后来她利用业余时间去打零工。那是一个寒冷的冬天，她在一个饭馆里帮人包饺子。有时当晚饺子有剩余的，她会打包，带回去给他吃。

她从来没有奢望过LY能回报她什么，只要两个人可以一直这么走下去就好。她坚信爱到最高境界是经得起平淡流年的。这话虽然很多人都说过，可她还是觉得很动听。

有一天，LY看到饭馆里有客人摸了S的手，便动手打了她。LY

有暴力倾向，她早就知道的，但没想到他竟然会下手这么重。当晚她就辞去了打零工的活儿，回到宿舍，趴在床上哭了整整一夜。

她的朋友实在看不过去，拨通了LY的电话，直接吼他："你就是渣男，自己吃软饭不说，还打女人！"

那次她真的很受伤，本想要分手，可看到他出现在楼下，便鬼使神差地原谅了他。

后来，他打她的频率逐渐升高，且施暴成瘾，一点鸡毛蒜皮的小事也能让他大打出手。因为受情绪影响，她挂了两门课。那时她已搬去校外，跟舍友租了房子。有一次，舍友购物回来，看见满屋狼藉，S躲在卫生间哭得稀里哗啦。

从那以后，LY再也没出现过。

LY再次出现时是她毕业后第二年的中秋节，他向她借五千块钱。那天刚好赶上她发工资，她二话不说就把钱给了他。

也许是出于感激，他又和她在一起了，他还把她带回了老家，去见他父母。S以为他有意要跟自己结婚，所以辞了工作，到他所在的城市去发展了。

接下来的日子，他还是和从前一样：工作上遇到不顺心的事就回来打她；陪客户喝酒，回到家后就对她施行种种暴力。

她的感情让她进退两难，若不分手就会有生命危险，可一旦分手，她又痛不欲生。

S最后一次见LY的时候，他正在和一个女人吃饭，被她撞见了，他正式向她介绍，那个女人是他未婚妻。

那晚她彻夜难眠，还想在他结婚前挽留一下他，于是一遍一遍地给他打电话、发短信。从最初的挽留，到后来的乞求，她一直在等，却始终都没有等到他的回音，哪怕是只言片语。

S对我说："那段时间，我感到全世界都背叛了我。因为在我看来，他就是我的整个世界。"

我对她说："置之死地而后生。你只有痛到无法再痛的时候，才会彻底醒悟。到那时，你会感到呼吸的空气都是香甜的。"

就像一个人长时间在黑暗里行走，突然见到了曙光，一个得了眼疾蒙着眼睛很久的人，痊愈时终于见到了光明，那种重见光明的感觉，让人感到很幸福。

S把长袖挽起来让我看伤疤，这个伤疤会伴随她一生。但愿她没有白白受伤，这一次的教训，能让她在以后的岁月里不再重蹈覆辙。

这个世界上有很多人和她一样，爱的时候不顾一切，以为只要用心尽力去爱，对方就会加以珍惜。

结果往往是，你表现得越炽热，他对你就会越冷淡。就像握在手里的沙，握得越紧，流失得越快。不如试着放手，他反而会更珍惜你。

感情里，付出和回报往往不会对等。也许你越是看重它，结果就越是令你失望；你用平常心来对待它，它反而会比你预期的要美满。

S问我，为什么人会感到孤独?

是的，人生一世，每个人都会有感到孤独的时刻。平常的日子里有人陪伴，就在热闹中度过了，不会觉得时间有多难熬。只有走到困境的时候，孤独才渐渐浮出水面，甚至会被无限放大。尤其是在失恋的时候，孤独甚至可以让一个人崩溃。

S，你曾为了心中的那个人，付出了许多。不计任何成本地接近他，只为了能够跟他在一起。

固执、坚决、勇敢、认死理，这是每个人都会经历的阶段。它来时，你欢天喜地；它走时，你痛不欲生，感觉整个世界从此黑暗，再也没有快乐可言。再也没有什么比失恋更具杀伤力的了。

人总是在和自己过不去，固执地认为，如果没有了那个人，自己的生命就会失去色彩，自己的天空就会塌陷。

可是，你有没有想过，难道没遇到那个人之前，你的生活就从来没有好过吗?

去翻翻你的旧照片，在没认识他之前，你也有着温暖明媚的笑容。可是为什么遇到那个人后，你就忘记了从前，失去他时你就变成了另一个陌生的自己?

既然他已经成为你心口的一道伤，成为你眼中的一根刺，成为所有悲伤的源头，那他的离开，对于你来说，又何尝不是一种解脱?

想一想两个人最初携手时的模样，脸上总挂着温暖的笑容，生活因彼此的陪伴而变得丰富多彩。不知道从什么时候开始，这种快乐越来越少，你们之间的矛盾越来越多。当他第一次向你挥拳的时候，你就应该想到“分手”二字。

既然你们已无法给予彼此更多的美好，何不及时放手?别等到伤得千疮百孔时才喊痛。你的不舍，你的犹豫，你的念旧，你的深情，都无法挽回已经破裂的感情。

你总该心疼自己，远离“病态”的爱。就算全世界与你背离，你也要坚持自己的选择。面对一个对你施暴的男人，你应该马上离开；是你一次次的原谅给了他伤害你的权力。别让自己逃避这个早已注定的结局。

做一个懂得心疼自己的人，不随意付出，不轻易原谅，在感情变质的时候，果断放弃。虽然我们无法改变爱过的痕迹，但不妨从此刻起试着改变自己的心态，改变“圣母心”泛滥的状态。

对你不想要的，坚决说“不”，瞻前顾后只会让你更加痛苦。

学会尊重自己的感受，对自己好一点。不想听别人在你耳边“碎碎念”的时候，就远离他，或者不去理会。如果一个人总让你流泪伤心，那就需要冷静下来想清楚，然后决定要不要跟他在一起。只是，一旦决定了，就不要回头。

世界这么大，可以做的事情又很多。既然他让你浪费了那么多时光，你当务之急应该是尽量让接下来的时光过得有价值。那些流逝的岁月，就当是生活在给你上课。

这么多苦难，无非告诉了你一个道理：当你掏出来的是心，而换回来的是刀子的时候，你的感情就应该进入止损流程了。

04 谢谢你，离开我

* 总有一天，你会对着过去的伤痛微笑。你会感谢离开你的那个人，他配不上你的爱、你的好、你的痴心。他终究不是命定的那个人。幸好他不是。

* ——张小娴《谢谢你离开我》

和现实相比，很多事总是在想象中更美好一些，相逢如此，分别亦如此。当现实无法按照理想的状态发展的时候，便会出现和理想不一样的结局，遗憾也便产生了。

因为遗憾，人的内心会油然升起一股悲壮之情，而悲壮又给自己留下一种永恒的力量。所以，尽管生活带走了很多东西，但却还是给自己留下了感情的沉淀。

有遗憾的人，应是感受到深切痛苦的人，这样的人也必定真实地活过。付出过真心，这种真心也能打动别人，从而令人心动和感慨。

那是一个悲伤的深秋，树叶一片一片掉落，似乎是哀悼刚刚过去的秋。她和他面对面坐着，沉默。她眼圈泛红，他轻吸一口气说：“我先走了。”

她无奈地看着他离去的背影，像被子弹射中般，不自觉地弯下腰将脸埋进了臂弯，喉咙里的哽咽逐渐变为细细的哭声，而后又换作号啕大哭。哭累了，她还在喃喃自语：“我跟你走，跟你走……”

此时，她脑海中还不时浮现出父母那既愤怒又绝望的表情和言语。妈妈说：“你要是非和那个没文化的初中生在一起，就别认我们做父母！”爸爸说：“他四处漂泊，我们不放心把你交给他呀。”

为此，她争吵过，反抗过，甚至痛恨自己读了大学。但她最终还是屈服了。

屈服并不是因为她觉得父母的话有道理，而是父母日复一日憔悴的面庞，让她感到仿佛有一把尖刀，硬生生地插入了她的胸口。虽然很反感父母插手自己的私事，但一向温顺的她最终还是听从了父母的意见。

半年的时间，在煎熬与痛苦中溜走了。身处异乡的他，开始拼命地工作，时不时也会酗酒买醉。她呢，则在只有她一个人的教室的黑板上无数次地写他的名字。只是他们坚决不联系彼此，努力封锁着对对方的殷殷思念。

一年后，在一次聚会上，她认识了另一位男士。他高大英俊，有着体面的工作。原本骄傲的他却不由自主地被她的甜美、温柔给俘虏了。于是，他们开始交往。

每天黄昏时分，男士会骑上摩托车，穿越大半个小城来接她下班；如果她还在给学生辅导功课，他就会乖乖地蹲在校园的花坛边等她。下雨的时候，他们会一起步行回家，半边身子被淋湿的，永远是他。

情人节那天，他用并不浪漫的方式取出一枚钻戒，深情地望着她的眼睛，认真地说："嫁给我，让我陪着你。"

曾经的爱情像上个季节的花朵一样，凋谢了，而在另一个季节又发出了新芽。只是爱情的对象已经不是最初的那个他。

她接受了他的求婚。她也知道，自己已经把曾经的爱尘封在了心底，而他才是能与她相伴终老的那一个。

婚后的她，天天脸上都有幸福的笑容。闺密看到她系着围裙，在厨房里忙碌的样子，只觉得恍惚如梦。

待她端出刚熬好的莲子银耳汤，闺密啜了一口，笑着问："现在还会想起初恋吗？"

她低下眼帘，不好意思地笑了笑说："我希望他也找到一个相爱的人。刚分开的时候，我疯狂地思念着他，希望和他通电话，可是刚刚拨了几个号码，我就放下了电话，因为我不知道该说什么。当时我已经妥协了，我能够做的，就是让他尽快忘了我……虽然这份爱给我们留下了遗憾，但是也为彼此后来的幸福，留出了空位。"

人生道路其实很漫长，谁能保证自己做的每一件事都能得到想要的回报？谁又能保证只要努力过，就一定会有自己期望的结果呢？

有些事情不是努力就能得到自己想要的结果，特别是感情的事，往往努力了很久，最终却因为一些小事而导致不可逆转的结果。非人力所能扭转，也没有是非对错，两个人共同的努力就那样轻而易举地被付之一炬了。

人生如同一条奔流不息的河，不可倒流，又不能停止前行。

失望能让人懂得怎样保护自己，疼痛也会让人懂得如何爱与被爱。经过爱情的数次考验之后才能恍然发现，原来，忘却也是一种爱护，遗憾也是一种圆满。

我们应当笑着回忆那些令人难过的事。它教会了我们成长，让我们懂得，成长意味着会流泪、会痛苦，然后我们才会变得坚强，变得独立。

那么，何不对你爱过、爱过你、离开你的那些人，轻轻地道一声“谢谢”呢？

05 不打扰，是我最后的温柔

* 谁忍住悲伤，心疼地原谅，全部的错失和浪费；谁用最后的温柔道一句告别，成就不再流连的转眼。

* ——田维《花田半亩》

紫梦又失眠了，一个人躺在黑暗里，内心隐隐地抽痛。原来，让紫梦在这孤单的夜晚彻夜难眠的，是对那个并不爱她的男人无休止的思念。她想象着他在她无比空虚寂寞的时刻，正在与谁深情相拥，又正在与谁同枕共眠。

思绪就像脱缰的野马，总在午夜时分不受控制地带着紫梦回到往事中。那些幸福的、甜蜜的、悲伤的、痛苦的记忆会像火一样炙烤着她的心灵，痛楚就这样成了每一次她不能入睡的根源。

紫梦不知道，自己的生活到底需要怎样的际遇才能重新开始？还能否重新开始？

拧开床头灯，房间顿时亮堂起来，而紫梦的眼却被刺得难受。她揉揉眼睛，拿过床头柜上的手机，不由得按下那个在心里默念了千万次的号码，听着里面那个再熟悉不过的语音提示："您好，您所拨打的电话已关机。"

泪水婆娑了双眼，落入口中，咸咸的。她仍然记得那个温暖的夜晚他许下的诺言："我会让你幸福。"如今，一千个日夜过去，花前月下的山盟海誓却成了一道停留在时间里的伤疤，随时隐隐作痛，像是对逝去的情分进行着拷问。当初那个许诺过要给自己幸福的男子，已经和他的誓言一起离她而去。

一日，行走于街头，在拥挤的人流里，紫梦发现了他的身影。于是，她满怀欣喜和激动，走近一点，再走近一点。然而，就在她准备和他打招呼的刹那间，她发现他脸上的表情既惊恐又尴尬，好像遇到了什么棘手的大事一般。那一刻，血液像是倒流到紫梦的心脏里，没来得及绽放的笑容凝固在稀薄的空气里。还有比这更悲凉的相逢吗？曾经相爱的两个人形同陌路，连点头的微笑都成为一种奢侈，所有的感情瞬间就失去了坚持的力量。

痛定思痛。紫梦对自己说：忘掉吧，既然人生就是要学着不断受伤与成长，既然往事再也无处寻觅，既然他已然忘却过去不再眷恋，自己又何必念念不忘、饱尝痛苦？

至少现在，我不用再苦熬着等你夜归。要知道你总是找不到钥匙，我只得强迫自己在寒冷的冬天爬出温暖的被窝给你开门，那是件多不容易的事。尽管给你开门的时候，我脸上总是带着微笑。

至少现在，我不必再胡思乱想深夜不归的你去了哪里，也不必为此而让自己熬成一个“黄脸婆”。因为经常担心你回家的时候因找不到钥匙而无法开门，我只得在客厅里等啊等啊，经常从夜里等到东方泛起鱼肚白。

至少现在，我不必再考虑怎样满足你挑剔的胃，我可以自己想吃什么就吃什么。在买衣服的事情上，我也不必再听从你的“建议”，而是只要自己喜欢，价格又可以接受，就会买下来。我喜欢自己美丽的样子。

至少现在，我曾经的“话痨症”不见了，开始变得安静起来。因为我不必再为你没有洗脚就上床而唠叨，不必为要给你洗穿了三天的臭袜子而抱怨，也不必告诉你一定不要酒后驾车，更不必在吃晚饭的时候询问你何时回来。

遗忘一场不愉快的争吵，遗忘一次不经意的邂逅，遗忘一段尴尬的情感波折，遗忘一种无法挽留的美丽……遗忘就像一阵偶然吹来的微风，能够安抚受伤的灵魂，释放无谓的压抑，让狂躁的心跳恢复为趋于平静的涟漪。

不得不承认，每一段旅程都有它不得不经历的坎坷，每一条走过来的路都有它不得不需要的跋涉。若是一直沉湎于旧日的失意，迷失在痛苦的记忆里，无疑是可悲的，对内心也是一种极大的摧残。

那些无法遗忘过去的人，往往连今天也会失去。

他走了，爱走了，带不走你本来拥有的天堂，因为它始终在你手上。退一步想想，没有谁能够一直陪伴我们。生命中总会有人到来，有人离开，而很多时候却是我们独来独往的。

既然爱过，就不后悔；即便分了，也不悲伤。

在或明媚或暗淡的爱的路途上，并不是每一次结束都是一场悲剧，有时候它更是另一种新生的开始。因为在只剩一个人的日子里，让你有机会重新认识自我，重新审视自己的价值，重新塑造崭新的自己，就像凤凰涅槃，浴火得以重生。

06 当爱离开时，越挣扎就越痛苦

* 爱情，你忍不住要伸了手去握紧它，可握住的时候已经碎在手里了。

* ——廖一梅《悲观主义的花朵》

爱情就像是手心里的沙子，你把手攥得越紧，沙子就越是容易跑掉。反之，你把手掌摊开，沙子才会稳稳地堆在手上。

她和他是办公室恋情，两年来，一直以“地下恋人”的模式相处着。

她是敏感的，不久前，她察觉到公司一位女高层和他有暧昧的嫌疑。她也知道，是女高层向他抛出的绣球。而他的心在这个有着一定诱惑力的“绣球”面前变得飘忽了，常常心不在焉，似乎在做思想斗争，也似乎在寻找合适的机会说分手。将这一切都看在眼里的她，无数次在脑海中像拍电影一样想象着分手的画面。她很清楚，她和他的这份爱不再纯粹，甚至已经消失，不见踪影。

终于在一日，她打开房门时，正发现他已将行李收拾好。他来到她面前，平静地说道：“我们分手吧!”

她不假思索地说：“好！”

她如此干脆利落、不带丝毫犹豫的回答，让他非常吃惊，甚至于有些失落。他似乎仍心有不甘，便问：“你真的舍得？”

她淡淡地说：“你不是舍了吗？我为什么还要留恋呢？”

他说：“你让我怀疑你到底有没有爱过我。”

她说：“你让我不用去怀疑你有没有爱过我。”

他又说：“你为什么不挽留？也许我会留下来。”

她不再回答，只是淡淡地笑了笑，转身离开了。

她的潇洒在转身后便崩溃了，心里泛起从未有过的波涛，无情的海浪裹挟着回忆的碎片，撞击着理智的边界。她怎么会不想挽留呢？在她发觉男人将要移情别恋而又犹豫不决的日子里，她等待他做出决定已是宽容和挽留。

她固然是一个宽容大度、善解人意的女人，却也有着自己的底线。她给自己的底线始终是“保持最后的尊严”。既然男人犹豫了很久之后提出分手，那么她也就不必再浪费时间和感情。

她也知道，男人最后的问题，其用意也并非是真正地想她挽留，不过是那份自尊心在作怪罢了。

朋友们知道他们的事之后，纷纷劝她不要伤心。她总是笑着回答：“我只用了一个星期整理心情，现在我已经完全把他从我的心中、生活中舍弃了。我不但不会为此伤心，反而还要庆幸这一次结束，因为它在没有令我失去更多的时候结束了，我可以有更多的时间和精力来寻找新的幸福。”

当爱要离开，心中难免会有一丝疼痛，有一丝不舍。只是聪明的人会选择接受现实，对过去释怀，而天生愚钝者则会深陷苦海，总也走不出来。

聪明人选择这样的处理方式，是因为他们知道，每留恋一秒，就等于浪费自己生命一秒；每痛苦一分，就等于让自己内心的疤痕加深一分。

于是，对依然四分五裂或者不复存在的爱情，聪明的人不会过多留恋。他们虽然会在爱情的梦幻中沉醉，但是他们也总能及时把自己叫醒，从失恋中找到让自己“放下”的理由，让自己不至于过多为此伤心。

因为有爱恋，就会有失恋，并不是爱走了，你的一切就都被带走了。所以，不妨把此经历当作爱情成长的过程，当作自己心理成熟的过程，它不过是人生中的一小段插曲而已。

所以，当爱要离开时，不必哭得梨花带雨，无须留恋这样的凄美画面。既然握不住爱情这把沙子，那么就松开手，扬了它吧!

07 下一次，还会再爱的

＊ 一个对爱情有信仰的人，应该珍惜每一次心动的时刻，然后勇敢追寻下一次、再下一次、然后再下一次。

＊ ——九把刀《等一个人咖啡》

一位心理老师带着一只非常精美的咖啡杯走进了课堂。学生们纷纷被这只杯子独特的造型和质地吸引了，就在他们兴奋地议论着杯子的造型的时候，只听到“啪”的一声，咖啡杯落到了瓷砖上，摔了个粉碎。

原来，是老师故意打碎了杯子。

学生们纷纷唏嘘不已，觉得太可惜了。甚至有同学试图将破碎的杯子重新拼接，恢复原样，但最终也没能成功。

这时候，老师对学生们说道："在往后的生活里，如果发生了无法挽回的事，请记住这只破碎了的咖啡杯。"

精美的咖啡杯被摔碎，象征着那些既定的事实，也喻示着那些不可能再回去的岁月和不可能重新相遇的人。过去的毕竟都已过去，后悔、遗憾都无济于事。如果沉溺其中，则只会白白辜负了大好的光阴。

阿强和晓丽是大学校友，一天，阿强向晓丽告白说自己喜欢她。

长相漂亮、成绩优异的晓丽没有把阿强放在眼里，她只是不屑地"哼"了一声算作回应。

阿强却没有因此而伤心，更没有因此而放弃。他认真地对晓丽说："爱是平等的，我爱你是我的权利！"

这句话让晓丽一下子怔住了，她看了阿强好半天，然后漫不经心地甩下一句："那你就耐心地在后面排队吧！"

新年的时候，学校里组织舞会，学校里高他们一届的林峰深情款款地向晓丽告白："我爱你，我想让你伴我一辈子！"

林峰聪明帅气，而且家庭条件也不错，晓丽没有拒绝的理由。她幸福地和他紧紧拥抱着。不经意间回转身的时候，她看到了曾被自己拒绝过的阿强，他正默默地走出欢呼的人群。

第二年，林峰毕业了，他去了国外。人走了，什么都没有留下，只留给晓丽无尽的思念。就在晓丽痴痴地等待着远方的林峰时，阿强依然执着地“排着队”等待。他问晓丽：“现在，我在你心中排名第几？”

由于放不下林峰，也由于依然未曾对阿强心动，所以晓丽神情淡漠地走开了。

后来，林峰提出了分手，原因是他在国外有了新的女友。此后的几年中，晓丽都活在对林峰的思念里。与此同时，她也试图接受过别的男孩的追求，可最后都无疾而终。

经过了几年感情生活的磨砺，晓丽忽然发现，阿强其实才是那个会对自己好的、真正爱着自己的人。于是，她决定去找阿强，一定要告诉阿强她爱他。

可是，事情的结局出乎晓丽的预料。阿强为她开门的刹那，她看到他身后站着一个温婉、恬静的女孩。阿强告诉晓丽：“这是我女朋友，她来为我过生日。”

晓丽的脑中刹那间一片空白。她强忍泪水，淡淡地说：“我出差路过这里，顺便来看看你……”

送晓丽走的时候，阿强说道：“我已经等了你6年，你始终没有给过我确定的答案，我不想再等下去了。我现在的女朋友很好，和她在一起我很幸福，也希望你能幸福。”

晓丽背过身去，眼泪禁不住扑簌簌落了下来。她深深地懊悔，自己因为执着于对林峰的感情，而将自己困在心灵的沼泽里无法自拔，因此错过了一份真挚的感情，错过了一个真正的好男人。

错过的确让人遗憾，尤其是错过一份真挚的爱。可是，世间之事，没有什么应该与不应该，错过了就是错过了，人生中的很多际遇都是如此。

所以，我们没必要为过去的错过而悔恨和遗憾，而应从消弭的过去中走出来，想办法为自己的生活增添新的光彩。如此，你或许会惊喜地发现，原来生命中更加美丽、更加值得珍惜的，并不是错过的曾经，而是崭新的现在。

08 他没有许给你的幸福，就先别许给自己

* 故事也许就该停在那一刻，停在我心潮起伏的悸动，停在你蒙昧未知的暧昧，再完满不过。

* ——桔子树《我的青春从爱你开始》

幸福像一朵盛开的水仙花，淡雅而迷人；幸福如一泓汩汩的泉，清澈而流畅。为了幸福，我们都在苦苦追寻，认真寻觅，努力创造。

只是幸福经常和我们捉迷藏，躲到不容易被我们找到的角落里，让我们寻觅不到，手抓不着。于是，我们感觉幸福离自己好远。于是，悲从中来。

雅丽忘了在哪里看到过一段话，这段话对她触动很大，因此她一直铭记在心。这段话是："爱一个人只能爱七分，还有三分一定要用来爱自己，否则最后受伤的一定是自己。"

雅丽觉得，这句话中的道理她是懂得的，可是她根本就做不到。在他一次又一次暧昧的表白中，雅丽对他的爱越来越深。渐渐地，她开始迷失了自己。她发现等到自己突然想起这个道理，已经太晚了。

已经有很长一段时间，雅丽没上朋友圈刷他的微信了，她怕，她怕她会忍不住去看他的相册，忍不住会在相册中寻找自己的影子，忍不住会想他到底有没有在想着自己。手机也关了，她不想再接他的电话，怕自己会心软。可是雅丽真的不快乐。

雅丽以为自己可以就这样下去，慢慢地忘却。就在这个时候，一件事又触动了她：相识的一个人得了肝癌，并且已经是晚期，生命即将终结。他说，要在大限来临之前，实现一些未了的心愿，尽量不给人生留下太多的遗憾。

雅丽觉得自己该去做些什么，去问个明白，她要一个明明白白的答案。

"为什么？"

"什么为什么？"

“为什么可以十天半个月没有消息给我？”

“是你不接我电话呀！”

“我不接是因为，你先不回短信。”

“你想听我说实话吗？我就是害怕你会不停地问这些问题。就是因为你这种态度，我才会不想对你表白，想要逃避你。”

雅丽不是个笨女人，只是有时经常会犯傻，她心里其实一直知道这个答案。雅丽只是想不明白，为什么感觉他明明对自己有感情，却要逃避自己。但不管怎么样，这次他是亲口说出来了。“逃避”，呵呵，很可笑，都用“逃避”这个词来描述两个人的关系了，那以后还能有爱吗？如果不是雅丽追问的话，他是不会主动再说“爱”这个字了。

这时候她想骗自己也骗不了。

雅丽也从来没要求过他做出什么承诺，因为她不想让承诺成为感情的枷锁，她只希望有那份默契在心中，她想做他永远的红颜，可是，现在什么也不是了，一个男人是不会想要避开自己的红颜的。不想了，想得头都大了。她只知道过了今晚，便应该收回自己的爱。因为她决定，从今天起，自己要做个真正幸福的人……

幸福有时像顽皮的孩子，当他前来会先蒙住你的双眼；幸福有时又像羞涩的少女，总喜欢把她的面容隐藏在那薄薄的面纱之后，当她飘然而过，望着那模糊的背影，我们才会怅然说道：“那，可是幸福？”

如果你对幸福的渴求过于强烈，也许就会犯这样的错误：把对方没有许给你的幸福，先当作唾手可得的礼物许给了自己。

当你拨开层层迷雾，看到心灵深处的爱和被爱，看到心灵深处最深的宁静——幸福，自会花儿般悄然绽放。

09 我有我的归途，不是你的过客

* 如果爱，请深爱，爱到不能再爱的那一天。

* ——杜拉斯《情人》

有一种男女关系，存在于友情之间，又超乎于友情之上；弱于爱情的程度，却又有着爱情的味道……这就是人们常说的“暧昧”。

徐进和李萌曾是一对恋人。

一年前，在他们曾经熟悉的那座城市里，在他们都熟悉的那家咖啡馆里，他像往常那样请她喝咖啡。与以往不同的是，这次他的情绪很冷漠。他告诉她，他要走了。

她很明白，他的话含着两层意思，一是他要离开这座城市，二是他们要结束了。

他知道她很情绪化，也知道她还爱着他，所以他特意选择了这个安静而又并非私密的场所来告诉她这个消息。在咖啡馆里，众目睽睽之下，她不能表现出强烈的情绪波动。她的心底一片冰凉，仿佛已经失去了所有的一切，只剩下麻木，浑身上下的麻木。

她保持了表面上的礼貌，显得冷漠而沉稳。相互道了“珍重”之后，两人各自散去。她回到他们曾经共同生活过的房间，看着空荡荡的衣橱，突然泪如泉涌，泣不成声。

为了忘记他，她离开了这座她定居已久的城市，想要寻找新的未来。

半年后，她无意间从朋友那里得知他即将订婚的消息，不知道哪里来的一股力量，让她义无反顾地收拾行囊，毅然离开了她曾经以为以后永远不会离开的城市，飞向他的身边。

她参加了他们的婚礼，但新郎新娘热情拥吻的那一刻，她不顾旁人的目光，失声痛哭了起来。

为了能够离他近一点，为了能偶尔看到他的身影，她决定搬到这座陌生的城市。

他婚后不久的一个晚上，她接到了来自他打来的电话。电话里，他的声音似乎透露出无限的怜惜和关爱：“你还好吗？你那天没和我说，就自己一个人走了，你不知道我有多担心你。”熟悉的声音陌生的感觉，让她的泪再一次流了出来。她握着听筒的手颤抖了，她的心也动摇了。

此后，他们时不时就会通个电话。她就这样享受着他时常送来的关爱，心中又燃起了爱的火花。

她没有考虑自己是不是无意间干扰到了别人的感情生活，是不是无意间当了小三。她只是暗暗地想：总有一天我会把他等回来的。

一次周五下班后，她盘算着他应该又会打电话和自己聊天了，于是急匆匆赶回家去，期待着倾听那个能够让自己无限遐想的充满魅力的声音。

果然，他的电话如期而至。他的声音充满了关爱和体贴，他提醒她天冷了，记得添加衣服，别感冒。

说话间，他的语气依旧低沉深情，好像她一回头就能看见他似的。这一次，她终于控制不住了，哀哀凄凄地说：“你能来看看我吗？我感冒了，头疼发烧。”

他没有令她失望，立刻开车过来了，而且还带来了感冒药。享受着这些的她，恍惚又回到了从前，她不由得投入他的怀抱，而他也像安抚小女孩那样轻轻拍着她的头。

日子就在这种暧昧的气氛中一天天过着。直到有一天，她陪着公司一位怀孕的同事到医院妇产科检查身体，等待的空当，她看到一个熟悉的身影。是他，没错，就是他。只是这次相见让她的情绪瞬间低落了下来。这是因为，他身旁站着一个少妇模样的人，他搀扶着她，用微笑的目光注视着她，他们的脸上洋溢着幸福。她心里明白，他旁边的那位是他的妻子。

她的身体瞬间变得僵硬，思绪也变得麻木，她仿佛再一次听到自己内心破碎的声音。

这一次，她想明白了，那些他打过来表达关切的电话，不过是他幸福之余偶尔产生的一丝愧疚罢了。如果她愿意把他想得恶劣一点，他可能是吃着碗里的，看着锅里的。

这一次，她没法再骗自己了。她大病了一场。生病期间，她的手机再次响起她为他设定的专用铃声。但是这一次，她淡淡地说道："以后请不要再给我打电话了。如果你还对过去有一点点愧疚，那么默默为我祝福就够了！"

挂断电话，她忽然觉得轻松起来。这一年多来，她总是患得患失，在心里盘算着他的一举一动，从未如此轻松过。

虽然暧昧有时会有淡淡的美感，但总是让人受尽委屈。可是，感情又不同于其他，能够说放就放。当遭遇暧昧，明智的选择就是告诉自己要尽快离开，远离这种感觉，否则到头来只会给自己留下更深的伤痛和无奈。

总有一天，你会遇见真心对你的人。那个时候，你不用在暧昧中徘徊，不用成为谁生命中可有可无的过客。

10 全程都是路过，记得你曾经看过的风景

* 我从你们的世界路过，可你们也只是从对方的世界路过。

* ——张嘉佳《从你的全世界路过》

一个女孩，喜欢上了同班同学，那时，他们都上初二。

她长相一般，学习成绩还不错，而他却是班里学习优异、长相俊朗帅气的男孩，周围不乏仰慕者。她知道，有很多女孩喜欢他。她也知道自己太普通，根本配不上他，所以她把这份感情深深地藏在了心底。

她没有别的办法去吸引他。她唯一能做的，只是努力地学习，特别是数理化，因为那是男孩的强项，她可以以请教他为借口，

多接触他。她虚心求教，他也总是很耐心地给她解答。虽然她听得很认真，可是每当男孩给她讲解题目的时候，她的心都好像小鹿乱撞一般，跳得特别快。

也许是天意，他们俩居然被老师调到了邻桌的位置。一次，在和他讨论一道难解的数学题目时，她故意把手中的笔掉在了地上，然后又装作不经意地把手搭在他的身上，弯下腰将笔捡起……

在她的记忆里，那是他们俩第一次也是唯一一次身体上的接触，当时那种激动而又做贼心虚的感觉，多年后依然清晰地留在她的脑海中，每每想起还有心跳加速的感觉。

初三的时候，他们俩被分到了不同的班级。她不能天天都看到他的身影、听到他的声音了，心中充满了失落，成绩也下滑了不少。月考发榜之后，他的名次依然在前三名，而她的名字却不在上面。

她的心再一次受到了触动，从此她又开始全身心地投入学习中，她只想让自己的名字在离他最近的地方。仗着她基础扎实，经过一段时间的学习，她成功地让他们的名字排在了一起……

不相上下的成绩，让他们进入了同一所高中。虽然他们分在了不同的班级。不过，对这样的结果她已经很满意了。只是让她有些失望的是，自从升入高中，她很少能见到他了，就算有时偶遇也只是淡淡地打个招呼。他的这种态度让她感到很是失落。

或许是造化弄人，高二分文理班，他们又被分到了同一个班里。这对她来说真是个振奋人心的好消息，为此她失眠了好几天。然而，接下来的日子她又很失望，因为他身边总是围着很多女生，而她也只能做个安静的看客。

时光飞逝，高中就要毕业了。高考后的那个漫长的暑假，同学们一次又一次地聚会。也正是在这一次次的聚会中，女孩心中原本朦胧的情感逐渐汇聚成深深的眷恋。但她仍然和以前那样在他面前表现得跟普通朋友没什么两样，没有对他有任何的表达和表示。

进入大学了，他就从她的生活中彻底消失了。此时的她，才发现没有了男孩的日子，只剩下寂寞和空虚。后来，她得知男孩的微信号，便加了他。只是她还是和以前一样像普通朋友一样和他相处，没有人知道，仅仅是他的一句话，一个表情，在她的心里都能激起层层涟漪。多数时候，她只是静静地看着他朋友圈发的状态，这就足以让她的心平静下来。如果哪天没见他发朋友圈状态，她的心就会莫名地不安。

终于有一天，她不知道哪里来的勇气，居然问了一句："我喜欢你，你喜欢我吗？"

半天，男孩都没有回复。显然他有些错愕。后来，他回了一句："说实话，我对你没感觉，在我心里，你一直是我的好朋友，再说我已经答应一个人要等她4年的。"

对于这个答案，女孩一点也不惊讶，但是听他亲口这样说，她还是刹那间有一种心被掏空的感觉。在那个有着很多人的餐厅里，她的泪扑簌簌地落了下来，她体会到了心碎的痛。

可是，多年的痴守已经成为习惯，她无法不去思念他。后来，她告诉他她也会等他4年。对于未来，她并不确定，但她会坚守这样一个承诺。

时间很快，转眼又过了两年。在这两年里，女孩成长了很多，也成熟了很多。她渐渐懂得，自己的痴守换来的也许只是他的负担，甚至轻视。她决定放手，不再坚持那个4年的约定了。

这世上，有谁不希望自己的感情能够被珍惜，又有谁不希望自己被人心疼、呵护、放在心上呢？

虚无的结局与年华的流逝，最终还是为这段单恋画上了句点。

不过，尽管你们最后没能走到一起，但在最美的时光里，曾有他陪你走过，这就足够了。生命中有些或喜或悲的故事，总比没有故事要好。

在珍惜的同时，你也要相信，自己值得遇见比他更疼你的人，值得拥有比现在更美好的人生。

11 那些天崩地裂藏在心里，装作忘记

* 纷扰红尘只剩下这首乱世之歌，繁华落尽等你来相和。

你看这春风过尽了，桃花也落尽了。

我还唱着这断续的歌。

* ——沧海遗墨《倾尽天下·乱世繁华》

日子如流水，总是一天一天地流逝，永不回头。在这日复一日的时光里，如何让生活绽放出更加绚丽幸福的光彩，就在于你自己选择快乐，还是选择苦痛。

有人说，活着就一定会有苦痛。是的，活着就避免不了苦痛，但我们不能一直沉浸在苦痛里。其实，如果你不给自己苦痛，任

谁也不可能给你苦痛。

面对苦痛，超越苦痛，才能忘记苦痛。人生如花开花谢，潮起潮落，有得便有失，有苦也有乐。许多身处黑暗的人，虽然磕磕绊绊，但心胸宽广，忘了苦和痛，最后走向幸福。

秦阳第一次看到这个女孩时，觉得她满脸的笑容就像清晨的阳光，美丽而有朝气，仿佛从来不曾有什么事情可以困扰她。面对着她，年过不惑的秦阳竟然无端地生出些许羡慕。他很羡慕她可以保持这样美好的心境。他想，也许这个女孩的生活一帆风顺，从未遇到过什么坎坷吧。但后来经过她的一位朋友，秦阳先生了解了她的一些事情。

她曾经有一个相爱两年的男友，两人是令周围人们羡慕的一对。男友对她呵护有加，她对他体贴入微，几乎所有人都认为他们会是朋友中最先结婚的一对佳偶。

然而，就在他们即将毕业前的那个周末的傍晚，悲剧发生了。他们两人一起去书店买书，就在他们买书回来，踏出书店前面的车道时，他们被一辆疾驰而来的汽车拦腰撞上，他当场死亡，她则被送医院急救。

她一直处在昏迷中，将近一个月的时间了，还不见苏醒，亲友们都以为她将不再醒来了。其实他们更担心的是，当她醒来后，知道自己所爱的他已经死去，该怎样承担这一份悲痛。

又过了一个月，奇迹发生了，她苏醒了。让亲友们既紧张又欣慰的是，她似乎不记得之前的事了。医生说可能是因为被撞伤而丧失了部分记忆。于是，亲友们感谢上帝，让她忘记了她生命中最为悲伤的一段经历。

后来，她走出校门，顺利地工作，而且始终保持着她那温婉恬静的微笑。

知道了这些事，秦阳再次见到这个女孩后，便对她产生了一种怜惜的情绪。因为工作的关系，秦阳约她一起去喝咖啡，他静静地看着她的笑容，注视着她清澈如水的双眸。

没想到，她突然对秦阳说："你知道了是不是？"秦阳说："知道了什么？"她说："我的那一场车祸。"秦阳犹豫着不想回话，想避开这个话题。

她没有停止的意思，继续说道："其实我什么都记得，只是在我睁开眼的那一瞬间，我看到了母亲哭得那么伤心，我就对自己说我不能再哭了，因为我的悲伤会给他们带来更多的痛苦，这是我最不希望看到的。所以，我装作忘了那场车祸。"

秦阳看着她眼眶中打转的泪珠，还有那强忍着眼泪的笑脸，他明白了一个女孩的坚强以及她对爱情的看法。

如果因为爱而去伤害爱自己的人，那么这样的人无疑是自私的。能够真正在爱中变得坚强的人，才是参透了爱的本质的人。

为了减少伤害，何不选择忘记？忘记生命里那些失落给自己带来的痛楚和烦恼，忘记自我心灵带来的不休的纠缠和喧闹，让自己沉浸到放松、宁静中去，在这种宁静中，享受心的安抚，感受心的成长。

试着去忘记吧，无论有多痛有多苦，都可以随着时间的流逝而将心伤治愈，而我们首先要做的是用微笑将痛苦埋葬，让清风带它去漂流，只给我们留下继续生活的勇气，足矣！

幸福需要忘记，忘记需要勇气。曾经的伤痛，用忘记来面对，实在是最好的，也是最难的选择。忘记不是消极避世，不是忘记一切，而是一种审时度势，去粗取精的选择，是为了剪掉生命的尾巴，让自己更轻快更欢愉地迈向幸福的终点。有朝一日，当你蓦然发现最近忘了一切伤痛，并能够简单从容地活着时，你会感恩生命，珍惜人生。

Part 2

不是因为你不配，而是因为你值得拥有更好

01 该珍惜的绝不放手，该放弃的绝不挽留

* 当爱情缺席的时候，学着过自己的生活。过自己的生活，就是跟自己谈恋爱，把自己当成自己的情人那样，好好宠自己。

* ——张小娴《谢谢你离开我》

有一天，伊诺在QQ 上跟我说：“其实，我向你隐瞒了实情，我离婚了。”

“离婚？”听到这个消息我比伊诺还崩溃，前一阵还见她每天在微信里晒老公从国外带来的名牌包包，现在居然……难道真是“秀恩爱，死得快”吗？

伊诺说她老公回国是专门来和她办手续的。

我以最快的速度来到伊诺身边，她抱着我失声痛哭，染得我

胸前肩头全是眼泪。

我安慰了伊诺几句，任她把头靠在我的肩头。

几个月以后，伊诺渐渐从情伤中恢复过来。她重操旧业，继续做代购。情场失意以后，她在商场如鱼得水，订单像雪片一样飞来，感谢这忙碌，让她顾不上悲伤。

三八妇女节这天，伊诺请我喝酒，她说："我居然走出来了，我本以为自己还会像以前那么脆弱。"

她轻轻撩起裙摆，丝袜下几道疤痕若隐若现，又掀起左衣袖："瞧，这都是我年轻时干的蠢事。"

我愕然。伊诺笑着仰头干了一杯，她说这都是那些年她为了挽回老公所付出的代价。她倒追的老公，对方对她一直不冷不热、若即若离，说不上爱，也说不上不爱。父母和亲人都看不惯她被动的样子，可她是那么在意对方。"我一看到他，就情不自禁地说'我爱你'。"

"够了你，我鸡皮疙瘩都起来了！"我打趣她。

"真的，我非常包容，甚至纵容他，我特别怕失去……曾经有一次他和女网友约会，被我抓住了，最后我还是原谅了他，因为我离不开他。"

"你真是活体圣母！"

“我真没想到自己能这么快走出来。好几个月了，我都忙得顾不上想他。”她轻轻揉着额角。

我笑：“痛定思痛，痛到极点，人就必须绝地反击了。”

那次见面没多久，伊诺说她前夫就在网上联络到她，还给她打电话，送花，做了很多莫名其妙的事。

“你没有心动吧？”

“没有。”

“是现在没有，还是暂时没有啊？”我给她发了个翻白眼的表情，“好马不吃回头草！”

“他的工作出了点问题，所以找我周转。”

“如果现在急需周转的人是你，你去向他求助，他会不会向你低头？”

“可能不会……可他现在是被炒鱿鱼了，投资失败，房子也马上被银行拍卖，连住的地方都没有……”

“当初他走得那么决绝，连你怀孕都没能留住他，他可怜过你吗？还有，他现在跟另外那个女的断了吗？为什么不找对方求助？”

伊诺沉默了半天，回复我：“受过的伤害历历在目，怎么可能说忘就忘？”

听这话，像是她在坚定自己的信心，又像在抚摸旧伤口。她好不容易从颓败中走出来，又再次被那个男人搅乱了心绪，可惜他从来不知道“于心何忍”这四个字怎么写。

QQ上有陌生人加我好友，我加了才知道，是伊诺的前夫。他劈头盖脸地骂了我，说我狗拿耗子多管闲事，破坏他的家庭。更可笑的是，他说知道错了，发誓以后可以给伊诺很好的生活。

我直接把他拉黑了。

我没有把她前夫找我的事告诉伊诺，在她面前，我给他保留了一丝尊严。我不想让她后悔自己曾经爱过一个这么烂的男人。伊诺果然没有再和前夫产生交集，她说，在前夫屁股后面追了那么多年，凡事都是配合、成全、迁就、妥协，她真的累了。

又过了一段时间，她重新恋爱了，对方是大学老师，很稳重、很平淡的一个人，但却给了伊诺想要的一切。

感情是要付出，但前提是平等。失去平等之后的付出就是一种自我流失，那些付出型的人永远也不明白这个道理，以至于失去了感情也弄丢了自己。

在一段平等的感情中，不存在成全、迁就和妥协。天平倾斜时，下降的一方，最应该做的是提升自己，让自己更值得被爱。感情的世界没有一劳永逸。每个人都在变，在不断的变化中，只有你与对方保持相同的速度和方向，你们才会长久地在一起。

02 忘记，就是把伤口交给时间去抚平

* 想想看，你用什么东西量时间？一只沙漏里细沙流完是一段时间。一炷馨香袅袅烧完是一段时间。一盏清茶，从热到凉，是一段时间。钟表的指针嘀嗒行走一圈，是一段时间。

* ——龙应台《目送》

刚工作的那段时间，我时不时地就会接到闺密的电话，察觉得到她话语间流露出的悲伤。她什么也不愿和我多说，就像什么都没发生一样，只是跟我谈谈人生，聊聊理想。可我能感受到她言词中流露出的那种悲伤。

人生最痛苦的事莫过于，你明明知道那个人不可能再回到你

身边，而你依然欺骗自己，认为这只是短暂的别离。

你以为自己能跨过这道坎儿，可无论怎么努力，就是跨不过去。

你原本以为，他的离开，对你的生活并不会产生多大的影响，可当他真的离开了，你才明白，有些事并不能按照你想的那样去发展。身体上的伤口擦点药水就能痊愈，但心里的伤却很难抚平。

看闺密因失恋而变得消极，我很难过。毕竟谁也不愿意看到这样的结局，可是当它发生了，我们只能去勇敢地面对。痛了，伤心了，都一一接受，沉默最有利于伤口的愈合。

我试图通过聊天的方式帮她排解失意，她却扯了很多与之无关的琐事。她越是这样回避，我越想去揭开她的伤疤。从失恋中无法走出来的人，要么是根本没有痛过，要么是痛得不够彻底。

我劝她："其实失恋没什么，我也失恋过，你看我现在不又开始谈恋爱了？这世间悲欢离合都人生常态，总不能因为世事无常，就放弃大好人生啊！"

"我知道。"说完她直接挂了电话。

也许这些她都明白，不是所有的故事都会有结局，也不是所有的结局都令人满意。她只是心有不甘，一时接受不了，不明白为什么曾经的海誓山盟瞬间就变成了梦幻泡影。

这是每一个失恋过的人都深有体会的失望吧！

一个人的时候，你会忍不住去回想你们在一起的时光。你想不通，自己已经做得足够好，为什么他还是会离开你。你觉得你的好，足够将他留住一辈子，事实证明这恰恰相反。

你安慰自己说："离开就离开吧，至少回忆是属于我的。"

于是你一遍遍地去回忆过去，不知疲惫地温习曾经的甜蜜。

所有人都以为，你会因为他的离开而痛哭流涕，你却整日嘻嘻哈哈。有人说你没心没肺，说你不够喜欢他，其实只有你自己知道，他一直在你的心里，从未离开过，你更不敢相信会遇到比他更好的人。

你怕再也遇不到和你有交集的人，再也没有人能打开你的心扉。

我们总说自己有多勇敢，结果一场失恋就让我们变得一蹶不振。

你总是抱着回忆不肯离开，好像那个人依然还在。也许人都是这样，回头去看才会发现，真正让你难以割舍的并不是这个人，而是你们在一起时那种踏实和安稳。

等到你觉得这段回忆再也没有什么味道了，回想起来，连自己都觉得烦的时候，那才是真正地解脱了。

当时他看别的女生一眼你都会生气，可如今看到他与女友的甜蜜合影，你竟然还会为他感到高兴。你甚至会想，如果他真的遇到比你更合适的，其实放手也没有什么不好。

时间竟然可以让人变得如此崇高。

不曾记得，怎么会忘记？每一次忘记的过程都是对记忆的加深。

原来忘掉一个人的最好方法，竟然不是刻意地忘记，而是顺其自然地走下去。再炽热的感情，只要你不想，它就不会来。

这世上，很多东西都经不起时间的消磨，更没有什么是真正的永垂不朽。比如你和他。

有一天，很久没联系的大学室友打电话给我："跟你说件不可思议的事。有一天晚上我梦到跟他一起去看《大话西游》了，周星驰面对朱茵深情款款地表白，说着那段'爱你一万年'的经典台词，我忽然就醒了。那电影曾是我们最喜欢看的，我已经很久都没有梦到他了。"

"你们分开多久了？"

"5年了，可是这一次我居然没有哭。"

时光真好，轻轻流逝，就可以让人忘记很多东西。它让我们变得坚强，只要我们肯去试着接受现实，试着对自己宽容一些，试着接受失去后的落寞，那些令你难过的往事，终会变得风轻云淡。

真正的忘记，是不需要努力的。未来的某一天，你突然发现，曾经让你痛彻心扉的那些，已经不能伤害你分毫。你可以开始另一份爱情，直到你可以不再为难自己的那一天；你可以开始另一个故事，直到你可以不再为上一个故事里的人流泪的那一天。

人生，都有“艰难”这个副产品，却也有“时间”这服良药。

把不幸变成有幸，是生活给我们最好的礼物。

03 已经失恋了，难道还要变丑吗

* 如今我不再如醉如痴，也不再想将远方的美丽及自己的快乐和爱的人分享。我的心已不再是春天 我的心已是夏天，我比当年更优雅，更内敛，更深刻，更洗练，也更心存感激。我孤独，但不为寂寞所苦，我别无所求。我乐于让阳光晒熟。我的眼光满足于所见事物，我学会了看，世界变美了。

* ——赫尔曼·黑塞《堤契诺之歌》

我是在一个学习班上认识阿潘的。她年轻、漂亮，特别乐观，是个很讨人喜欢的家伙。

我们班上，无论谁遇到了沮丧的事，她都会恰到好处地鼓励两句；别人有了成绩，她也会真心赞美。久而久之，大家都把她当成了自己的好朋友、大姐姐。

我们住在一个宿舍。有一天晚上夜聊的时候，阿潘突然对我们说："你知道吗，我以前长得和现在不一样。"

我们一听这话，还以为她整过容。都好奇地怂恿她拿出证据来。阿潘笑了笑，从钱包里拿出一张借书证。我们抢过来一看，借书证上的人眉眼倒和她有些相似，只是眉毛低垂，双目下视，一脸苦相。而且，还比她胖上一大圈。

我们都哈哈大笑起来，每个人都友好地损了她两句。等我们都说完，阿潘幽幽地告诉我们，那真的是她以前的照片，而不是像我们说的那样是PS过的。

接着，她告诉了我们一个故事。

阿潘的学历不高，只是中专生。但是她从小就喜欢成绩好的男生。

所以，当有个名牌大学的博士生追求她的时候，她答应了，心中充满了对这位博士生的崇拜。

可是，婚后她才发现，这位博士生不仅经常夜不归宿，还喜欢家暴。

"他的脾气特别暴躁。我们俩有事一起出去，在路上骑自行车。我说了一句你起得这么晚，现在咱俩可能迟到了，他的脾气就上来了。他把车往路边一停，然后就开始骂我，说到生气之处，把整个自行车举起来，就朝我硬生生砸了过来，砸到了我的腿上。我当时吓坏了，只知道哭。然后他就开始抽我耳光，我的脸都让他打肿了。”

我们听到这里都沉默了。谁都想不到，像她这么体面漂亮的女人，竟然受过这样的虐待。

她控制了一下情绪，接着说：“还好，后来他爱上了别人，跟我离婚了。不然，我都不敢和他提离婚这件事，怕被他打死。”

离婚之后，阿潘反思了自己的整个人生。她意识到，自己这场失败婚姻的起源，其实只不过是希望自己能和优秀的人靠得近一点。

“既然我想和优秀的人在一起，那么我为什么不让自己先变得优秀起来呢？于是，我去报了ACCA考试。这是一种英国举办的会计师考试，试卷上全是英文，没有一个中国字。我从英文开始学起，后来我考了亚洲区第一。”

阿潘考完ACCA之后，整个人都有了自信。她参加了健身课程，变得苗条又结实。同时，由于参加这门考试，她认识了很多白领，谈吐和打扮自然而然也得到了提升。

阿潘变自信了，也变漂亮了。对于过去的那个男人，她一点也不留恋；而对于那个拆散他们的女人，她也没有任何怨恨。

“我当时也有一丝失落，不过，想想自己已经这么惨了，难道还要变丑？”

黑暗中，我们看见阿潘耸耸肩，表示对过往痛苦生活的不屑。

我们都替她高兴，知道她已经看开了。

不过，我们也有点担忧。有人怯生生地开口问：“阿潘，那你年纪轻轻地就离了婚，男人，你知道的，有的时候他们……”

阿潘爽朗地笑了起来：“你是不是想问我现在有没有男朋友？我已经有了男朋友了，他在 × × 企业上班，我们之间的关系很好，他对我也很尊重。”

我们都松了口气，知道阿潘终于找到了自己的幸福。

虽然任何人都不会随便放弃一段感情，但是对于那些难以挽回的残局、难以继续的旅途、难以忍受的磨难，还是及早退出，这样才能展开一段新的人生。

在这个故事里，正是由于阿潘经历了磨难，所以才认清了自己的真实需要，从此为自己的人生设计出了一条真的能令她感到幸福的道路。

失恋之后，一个故事就结束了，但另一个故事也许才刚刚开始。

04 很感谢你没来，不遗憾我离开

* 错过，不是错了，而是过了。

* ——夏达《长歌行》

世界上优秀的人那么多，有两个人同时喜欢一个人，这很正常。只是，假如那个人从追求者中选中了心仪的一位，而另一位追求者还没有放手的话，那么这位没有及时退出的追求者就成了备胎。

艾希是我的哥们儿，一开始听他谈到他对乔安娜的苦恋时，我还有几分同情。可是后来听的次数多了，我也渐渐地不耐烦起来。

艾希每次“失恋”，都要拉我出去喝酒。今天，他又“失恋”了。

在烧烤摊前面坐着，我沉默不语。我知道，就算我不问，他也会说的。果然，当他拿起第一串烤肉的时候，他开口了。

“前些天，小乔跟我讲，她失恋了，要借我的肩膀用一下。你还记得，那时候我有多高兴吗？我们这次都觉得，她一定愿意和我在一块儿了，你说是不是？”

我哼了一声，把头微微摆动了两下，不置可否。

“结果，”艾希狠狠地把拳头砸在小饭桌上，引来了周围人惊异的目光，“结果前两天她和他男朋友又好上了！她把我当什么了！我一直对她那么好！”

“你们这都几次了！我看你，还是彻底跟她分了吧。”我冷静地说。其实，“分了”只是一种好听的说法，他们俩压根儿从来没在一起过。

“也只能分了。”这次，艾希好像特别坚决，“我算看透她了，她就是在玩弄我的感情！”

听他这么说，我由衷地为他感到高兴。

后来，等艾希的状态稳定下来之后，我对他说：“这么多年，你最喜欢说的一句话就是‘我一直对她那么好’。你想想，你究竟是真的喜欢她，还是觉得自己一直对她很好，而她就应该感动呢？当‘备胎’谁都难免，但不要被自己的付出感‘套牢’了。”

艾希那个时候已经渐渐忘记了乔安娜。因为他常常和我提起他身边的女性朋友。由于这么多年在乔安娜身边的“磨炼”，他对于怎么哄女孩子开心很有一套。而且，更重要的是，现在他能分得清，什么时候女孩是真的想和他聊天，什么时候只是和他客气客气罢了。

后来，艾希找到了一个自己心仪的女朋友，两个人感情发展顺利，很快就在一起过起了自己的小日子。

艾希说，后来他在街上又遇到了乔安娜。

我有点担心地问他：“你那天状态怎么样？不会是胡子拉碴光着膀子上街买早点的时候被她撞见的吧？”

艾希哈哈一笑：“现在，我对于乔安娜的想法，压根儿就无所谓。我和现在的女朋友在一起，过得开开心心的，我喜欢她，她喜欢我，我顺着她，她顺着我；我们之间没有不可以坦白的秘密。其实，我还真的要感谢乔安娜，如果我和像她一样这么喜欢动心机的人在一起，根本就不会幸福。说句狠话，现在就算乔安娜倒过来追我，我也不会答应她。”

没过两天，艾希还真的接到了乔安娜的电话。电话里，她娇滴滴地表示，自己又失恋了，希望艾希来陪陪她。与以前不同的是，这一次她还掏心掏肺地说了艾希的很多好处。可是艾希除了静静地聆听之外，只是温柔而坚决地表示“我已经有女朋友了”。

现在的你，或许正遭受着失恋的痛苦，但过不了多久，你就会发现这其实没有什么大不了的。很少有人能只谈一次恋爱就成功地走进婚姻的殿堂，那个人既然不爱你了，你何不就此潇洒地转身？无谓的纠结就是在浪费生命。

每天的太阳都是新的，你也该是时候迎接一个崭新的自己了。

你需要走向下一站的幸福，带着你的笑容，骄傲地对曾经伤害过你的人说：“很感谢你没来，不遗憾我离开。”

05 路可以回头看，但不要回头走

* 我们可以转身，但是不必回头，即使有一天，发现自己错了，也应该转身，大步朝着对的方向去，而不是一直回头怨自己错了。

* ——刘墉

感情就像茶，即使最初时再浓也会被时间之水一点点地冲淡。于是，很多曾经炽烈的爱在这强大的力量面前败下阵来，走到了尽头。

那么，当一段原本以为会天长地久的爱情不得不落幕的时候，当一个原本以为会“执子之手，与子偕老”的爱人选择离开的时候，我们该如何给这段感情一个交代，该如何给爱过的、甚至还在爱着的人一个结局？

不用问，任何一个人，在眼睁睁地看着全心全意付出的感情支离破碎，那个曾经深爱的人远走高飞时，心底的哀伤和绝望都会瞬间令自己泪如恒河，心如刀绞。可是，这些并不能作为挽留对方的理由。要知道，你越是纠缠不休，就越会让自己伤得体无完肤。

如果他非要走，那就让他走吧，干净利落地走，即使心已哭成泪海，也要笑着目送他远去。这样的你，才是高姿态的显露，才能让这段感情圆满地落幕。

肖琳至今记得，当初决定和他一起牵手踏上这条感情之路的时候，她要他答应自己一件事：如果某天，他不再爱她了，对他们的感情厌倦了，不要躲她，只需明白地告诉她，不爱了，爱不下去了，她就会离开，绝不纠缠。

不知是当初的“一语成谶”，还是命运的捉弄，时隔两年，他们的感情果然走到了分手的边缘。而他，也果然提出了刺痛肖琳的那两个字——分手。

在排山倒海般的痛苦和绝望中，肖琳除了独自一人时默默地哭泣，没有在他面前表现出任何的挽留和纠缠。她想，或许是自己的性格不允许自己纠缠，也或许是他的冷淡让自己无力挽留。

可是，不挽留不等于不想他，毕竟她深深地爱过他，而且到现在还依然爱着。思念他的心，让她难以独自度过每日每夜。在那些孤寂的黑夜里，再也没有他温暖的拥抱；当走在寒冷的大街上时，再也没有他伸过来的热乎乎的手让她取暖；在每一个或忙碌或轻松的日子里，再也没有他的句句关心、字字问候……

想到这些的时候，肖琳都想让自己一觉睡过去，长眠不醒。可是，她的坚强没容许她任性，她坚定地告诉自己："咬咬牙，坚持下去，会好起来的，一定会的，你只是需要战胜时间。"

他不在，时间却不会停滞不前；他不在，她的生活还要继续。在日复一日的生活里，肖琳努力地做到了自己的伤自己解决，自己的心情自己整理，自己的疼痛自己埋葬。她深深懂得，不挽留，不证明自己不爱他，不证明自己不想他，也不证明自己的心没有受伤，只是这样的选择，是她能为他们曾经的爱所能做的最后一件事。

在一段落幕的爱情面前，两个人的爱情之花便已枯萎，爱的路也已走到终点。竭力挽留只是一厢情愿，挽救不了已经凋谢的爱情之花，而挽回的只能是再一次的心伤。其实，幸福是可以追求的，但不是乞求就能够得来的。

比起没有用的歇斯底里，一个不挽留的离去的背影，至少能让自己在爱过的那个人的眼里，还保有最后的一份美感。

06 分手后，也请微笑面对

* 要分手就分手吧，不用说什么你配不上我这种话，我们又不是手机和充电器。

* ——蔡康永

人们对于一份感情的祝福往往会用“永结同心”“天长地久”等字眼。其实这一方面体现了感情本身的美好，另一方面也表明了“永恒”对于感情的难度。

在感情的世界里，本就有合有分，有美好也会有伤悲。当昔日的真爱已不复存在，当感情的繁花已被秋雨打落得残红飘零，很多人却还陷在往日的感情中难以自拔，他们不是心里仍眷恋那份早已随风而逝的柔情，祈求伤害自己的人回心转意，就是下定决心以各种的方式实行报复。

然而，这些都是不明智的，不潇洒的，也是不可爱的。最恰当的方法就是给伤害过你的他一个浅浅的微笑，向他道一声珍重。

从最初见面时的互相问候，到两情相悦时的卿卿我我，再到彼此间令人羡慕的体恤和默契，孙亮和雨薇共花了5年多的时间。在这近两千个日日夜夜里，数不清的信笺像子夜里的流星，闪烁着晶莹的记忆，那些无尽的相思如同秋后微凉的风，婆娑着粉红色的梦境。

然而，世事真的难料，这段几乎被所有人看好的感情，终究还是在5年后的一个飘着雪花的午后画上了休止符。

雨薇向孙亮提出了分手，她要去南方一座大城市寻找自己的梦。得知这个消息的孙亮，一度沉浸在失恋的痛苦里，泪水因她而落，内心因她而撕扯，日子因她而了无生趣。

痛苦过后，孙亮很快走出了阴影。他告诉自己：既然雨薇做出了这样的选择，自然有她的理由。更何况她选择属于她的幸福不正是自己的初衷所在吗？雨薇选择离开，肯定是认为自己不能给她带来幸福，那么自己就应以宽大的胸怀和真诚的祝愿送她上路。

那天，天空飘起了北方冬季里不合时宜的雨，但孙亮还是来到车站，他要微笑着送雨薇去她想去的城市……

无论是对孙亮自己，还是对于雨薇来说，他的认识和做法都是最好的。这一点，值得那些在失恋的旋涡里无法自拔的人们借鉴。当面对一个已经不爱自己的人，一个伤自己最深的人，我们不必做沉默的羔羊，但也不必挖空心思去挽留。面对分手，我们要学着更加坚强，在对方离开时，留给他一个轻轻浅浅的微笑。

往后的日子里，如果对方能找到属于他的幸福，你要为他献上美好的祝福；如果他以后后悔当初没有选择你，你也不必回头。美丽的事物总是需要等待，要坚信自己的好，努力生活，相信有一天你会发现更好的人在等着你，而你也会庆幸因为当初的离开，才会有了后来的美丽和幸福。

所以，面对伤你最深的人，还是学会给他一个微笑吧，这个微笑是对前一段感情的勇敢的放手，也是给自己心中下一个美好目标的坚定信心。你可以在困难、伤心难过的时候流泪，但是对伤你最深的人，害怕困难而离开你的人，不要流泪。因为不值得，所以你更要保持自己的自尊，给他留一个灿烂的微笑，也给自己留下一次爱的机会！

07 忘掉心中的玛丽苏

* 幻想属于黑夜，白天经不起浪费。

* ——金星《掷地有声》

童话故事中的男女主人公，大都有着完美的形象、坎坷的经历，带着坚贞不渝的爱的热情，在历经重重劫难之后，最终收获完美的爱情。有些人将童话中的情节根植于自己的大脑，对自己将来的爱情生活进行着完美的“规划”，渴望找到现实中属于自己的王子或公主。

这就是典型的“爱情完美主义者”。在这些完美主义者的眼中，爱情理所应当是完美的。他们往往本着宁缺毋滥的心态，固执地希望寻觅到符合理想的“完美伴侣”，哪怕一再受到现实的打击，也执迷不悟。

乔震是一家医疗器械公司的销售主管，周围的同事朋友们都不叫他的本名，而是绰号——“金童”。因为乔震是周围唯一一个超过30岁还没有女朋友的小伙子。眼看着同龄的兄弟们都娶妻生子，“金童”的身边却还没有“玉女”的身影。

并不是乔震不渴望爱情，只是因为他对爱情要求太完美了，不愿降低条件，才一直都单身。

大家都说乔震挑剔、眼光高，对此乔震并不否认。虽然已经32岁了，但他依然坚信，生命中会有属于自己的那份真爱，不管那个人的到来有多晚，他都会迎着那份让人怦然心动的美丽走上前去。

这几年里，乔震也曾有过两段短暂的情感旅程，但最终都因种种缘故分开了。

对于未来女友的要求，乔震坦言，首先要有美丽的容貌，希望女朋友漂亮可人，身材要苗条，最好留长发。因此好几次有人给他介绍女朋友，他索要了对方照片之后，看了一眼就拒绝和对方见面。其次就是要求对方一定要不爱慕虚荣。用乔震自己的话说，“简单归纳，就是要求对方要外表美和心灵美兼备”。所以他要求自己的女朋友绝对不能嫌贫爱富，也鄙视开口就是“是否有房有车”的盘查。对于另一半的性格方面，乔震也有明确的要求：单纯、活泼、可爱、温柔，甚至有一点点调皮和孩子气，懂得在他面前撒娇，因为乔震喜欢女友在他身边小鸟依人的感觉。年龄上，最好在26周岁以下，因为乔震觉得，只要女生年纪大了，就会变得“世故”，不再天真可爱了。另外，对方的学历不一定要多高，但一定要有品位，有气质，有教养，不带俗气。最后，对方的职业、收入、家庭等也要“说得过去”……

乔震对女朋友的要求还能列出一大堆，比如皮肤要白，要定期护理牙齿，不能言谈粗俗，对长辈讲话一定要毕恭毕敬，在公共场合一定要讲究仪表，不化妆不要出门……不过仅仅是上面这些，已经足以让人感觉他的要求之多了。或许正是这种“苛刻”的标准，让乔震依然行走在“剩男”的行列。

美好的爱情人人向往，只是理想的爱情是一种难得的遇见。不知道上天能否了解每个人对于爱情的梦想。他会给每个人机会，只是不是每个人都能够认识到，真正属于自己的爱情，很难像童话故事中那么完美。其实也正是这些不完美，让生活更加多姿多彩，让爱情越发令人神往。

追求完美爱情的心态，看上去是对感情认真细密、一丝不苟，但实际上当感情一旦出现裂痕，哪怕是很小的一点，也足以摧毁当事者心中原有的爱。为了心中的那份完美，他们会宁为玉碎，不为瓦全。所以，一个追求完美的人，注定不会活得太轻松。

你所向往的完美爱情，也许只能存在于电视剧中，不管是花千骨还是梅长苏，都是剧看完了就应该忘掉的"玛丽苏"。与其沉溺幻想，不如回到现世生活，我们都要接纳不完美的自己，就不要强求所谓完美的伴侣呀！

08 你一定要坚持，但千万别着急

＊ 你可以慢慢来找我，走错路或者搭错车，都没有关系，因为我会等，但是不要太慢，因为我怕在没遇到你之前照顾不好自己，不按时吃饭，熬夜，发臭脾气，纽扣掉了不会缝，碗也刷不干净，而且我还想跟你吃好多东西，去好多地方，为此你也要照顾好自己，在我没变得更糟之前，抵达我身边。

＊ ——张皓宸《我与世界只差一个你》

单身3年的琳达这样说过："之所以一直等待，我并不是为了哀悼那份过去的感情，而是在固执地寻找着真爱。我曾告诉自己一万遍：一定要找到自己的幸福，即使等到海枯石烂也要和自己深爱的人在一起。如果两个人性格不合适，就绝对不能将就，我一个人也能过得很好。”

如果你在爱情的路上走得不甚如意，如果你的心还在为爱彷徨，那么请你学一学琳达，永远不要说放弃。同样，如果你曾经认为的“真爱”远离了你，也请不要抓住不放，因为它已经不属于你。真爱只属于那些为之付出哪怕伤痕累累却仍坚信爱之美好的人。

最近李晨过得很糟糕，他的心每天都沉甸甸的，有种快要窒息的感觉。原来，女友魏小冰的父母异口同声地反对他们两个人的婚事，说不能让女儿嫁给一个不靠铁饭碗谋生的人。他和女友已经相恋3年，感情越来越稳定，两个人已经感觉命中注定会在一起了。现在，女友说父母以死相逼，她也只好委曲求全，因此向他提出了分手。

李晨看着手机里关于他们俩的视频，心痛得更厉害，他说自己不能脱离情感，即使世界很疯狂，现实很残酷，但真爱一次却始终宝贵。

两个人不再联系的那段日子里，李晨总是不由得想起女友的种种好处。他说魏小冰为他付出了太多。她最美好的青春年华是和他一起度过的，她曾经为了他放弃出国的机会，为了他甘愿过苦日子……这一切的一切，李晨一想到就心痛不已。

曾经的李晨，一直暗自庆幸，魏小冰是他有生之年找到的最宝贵的财富，是上天恩赐给他的最好的礼物。

然而，现在魏小冰却要离他而去。面对魏小冰让他接受现实的请求，李晨并没有认同和放弃，他依旧坚信真爱无敌，因为他是那么的深爱着她，魏小冰也是那样深爱着他。他们之间的感情本身没有出现任何问题，目前的问题是外力的干涉造成的。李晨认为，生活不像电影，谢幕一场还可以上演下一场，而生活只有一次。他和她已经走过了那段弥足珍贵、难以重来的岁月，这段感情他会永远珍惜。他在心中暗暗祈祷：哪怕上苍把我的一些其他东西带走，也不要带走我的魏小冰。

李晨说其实他和魏小冰不仅仅是恋人，也是朋友，他们的爱情，总有一种常见常新的感觉，虽然相爱3年多了，但在一起大部分时间他们都感觉很温馨，很舒适，很踏实。李晨告诉自己为自己的真爱等待、努力、追求，就永远无悔！

但是，分开后李晨并没有频繁地联系魏小冰。他知道，需要给她时间去冷静下来，慢慢思考。他相信，一段真正的爱情，是不会这么容易被拆散的。父母那边的思想工作，还是要靠魏小冰自己去做。他现在如果催她，只能给她增加更多的压力，又帮不了什么忙。

3个月之后的一天清晨，刚刚洗漱完毕的李晨忽然听到“咚咚”的敲门声。他急忙询问是谁，对方没有回答。他只好打开房门。

就在开门的一刹那，外面的一幕让李晨惊呆了，只见魏小冰抱着一束娇艳欲滴的香水百合站在门外，略带娇羞和俏皮地看着他。李晨知道，魏小冰这是做通了家人的工作，又回到自己身边来了！想到这里，他抱起魏小冰在楼道里旋转起来……

因为爱所以离开，因为爱所以放弃。这样的话听起来很伟大，很洒脱，可是谁能心甘情愿看着真正的爱情离自己而去呢？但是，心急吃不了热豆腐，着急是没用的，只能让情况越来越糟。

所以，要相信自己，相信真爱，相信深爱自己的人。爱情能够给你的答案，总有一天自会给你。

09 老公不是男朋友2.0

＊ 结婚与恋爱毫无关系，人们老以为恋爱成熟后便自然而然地结婚，却不知结婚只是一种生活方式，人人可以结婚，简单得很。而爱情完全是另外一回事。

＊ ——亦舒《我的前半生》

爱情是甜蜜的，带着这份甜蜜进入婚姻后，很多人会发现，之前的甜蜜消失了，曾经对婚姻的憧憬也都不知道去了哪里。于是人们开始感叹：婚姻是爱情的坟墓！

其实，婚姻并不是有意和爱情过不去，只是它们需要“应付”的范畴实在是有很大不同。恋爱时，两个人总是展现自己好的一面，总是替对方考虑，她撒娇发嗲，他慷慨英勇。可进入婚姻呢，由于零距离接触，彼此的毛病和缺点都在对方面前暴露无遗，说话做事也不像从前那样有所顾忌，她河东狮吼，他冷漠相对。

婚姻真的只能如此吗？实际上，之所以这样，很可能是夫妻中一方或者两方都有恋爱“后遗症”导致的。大家都带着曾经恋爱时的美好进入婚姻，以为婚姻依然会和恋爱时一样甜蜜幸福，可真的开始生活之后才发现，根本不是那么回事。

婚姻和恋爱真的不是一回事，但婚姻也照样可以有幸福和甜蜜，只不过形式不同，或者感受不同罢了。

何琳和浩东在经历了6年的爱情长跑之后，在国庆节那天步入了婚姻殿堂。俩人一直觉得彼此投缘，脾气性格相似，互相看着顺眼，这么多年很少闹别扭。所以，他们对于婚姻的期待也比较高，以为由于婚姻的稳定，会让他们更加恩爱，更加珍惜彼此。

可是，让他们两人万万没想到的是，结婚不到一年，吵架和闹矛盾的次数比恋爱的6年都多。

面对这样的局面，何琳很困惑，她不知道自己错在哪儿，也不知道他们彼此之间的问题出在哪儿。

她只觉得结婚后的生活并没有之前想象得那么美好，除了偶尔能感受到幸福温馨，多数时候都是平淡无奇，而且还总觉得浩东有些地方做得没有以前好了。她跟浩东理论，没想到浩东对她也是这样的感受，说她没有结婚前温柔和懂事了。

慢慢地，两个人都开始发现，和恋爱的时候太不一样了，少了甜蜜、浪漫和激情，多了枯燥、呆板和无聊。

最近的一次，让何琳忍无可忍的事情是，浩东忘记了他们的相识纪念日。当何琳发现自己没有收到祝福和礼物的时候，她实在克制不住怒火，就给加班尚未回家的浩东打电话，狠狠数落了他一通。浩东居然莫名其妙，不知道何琳这是唱的哪一出，仔细一听才明白，原来今年是他们相识8周年纪念日。

结婚以前，大大小小的纪念日，浩东都会牢记在心，也都会记得给何琳买礼物，这次他是真的忘了。浩东赶紧说明情况，他告诉何琳最近工作太忙，实在没顾上，而且还许诺说下了班一定去买礼物。

何琳并没有因此而高兴，而是依然怒气未消，她告诉浩东自己可不想收这种“索要”来的礼物，她要的是浩东那份把她放在心上的态度。

气急败坏的何琳，没有通知浩东便径自回了娘家。

浩东回家后不见何琳，就知道她还在生自己的气，就赶紧打电话，结果她的电话关机。浩东着急了，他担心何琳出什么意外，于是赶紧打电话给何琳的父亲，看看她是不是回娘家了。

打了好几遍，同样没人接。浩东又打岳母的手机，这下通了。从岳母口中得知何琳在那里，浩东才放心。岳母安慰浩东说："何琳还是小孩子脾气，把恋爱时的习惯还延续到婚姻里，真是任性。你别和她计较，我跟她说说，让她懂事点。"

挂了电话，让浩东颇感安慰的是，自己有个好岳母。何琳闹脾气的时候，岳母都是先说何琳的问题，而不是指谪自己。想到这，浩东越发觉得自己该珍惜何琳，因为有岳母这样好的妈妈，做女儿的何琳也不会差的，只是一时半会儿还得耍耍公主脾气，自己应该多一些忍让和耐心才行。想到这，浩东赶紧开车去了花店买了一大束玫瑰，带上自己下班后匆匆赶到商场买的手镯一并给何琳送去。

当俩人见面的时候，何琳虽然面露嗔怪，但却是略带抱歉的神色。听了妈妈的一番教导，她知道自己应该把婚姻和恋爱分开，不能延续恋爱时的那些"小情调"，否则容易让自己心理失衡，也会引起浩东的不愉快。这对两人的感情显然是很不好的。所以，在浩东来之前，她就已经做了决定，如果今晚浩东来，那么就跟他回去，而且"不计前嫌"；如果浩东今天不来，自己就明天回去，不能让浩东太担心。

由于两个人的宽容和善解人意，一片乌云很快散去。何琳妈妈送小两口出门的时候，不禁微笑着摇了摇头，转回身对何琳爸爸说：“还是年轻呀！”

因为年轻，因为对感情的理解和认知还停留在恋爱的阶段，对于婚姻中的平淡和琐碎，让很多人一时难以适应，也不愿意接受。

其实，恋爱与结婚是婚姻的两个不同阶段。如果在过渡时期没有充分的思想准备并及时调整，那么很容易产生结婚不如恋爱时甜蜜的感觉。

如果说恋爱中的幸福较容易获得，那么婚姻中的幸福往往需要费一番脑筋。朝夕相处的两个人，要想让婚姻生活过得平顺、和睦，那么就要不断地磨合，在磨合中学会理解、学会包容、学会付出。只有不断地认清婚姻幸福所需要的条件，并努力践行，才能维持恒久的幸福。

10 只有先过好一个人的生活，才能过好两个人的生活

* 暗恋是种礼貌，自恋是种骄傲；明恋是种格调，而不恋，是种味道。

* ——壹心理

人是群居动物，没有谁能够长期处于孤独寂寞的环境里。一旦内心有这样的感觉，我们就会茫然地感受到内心的空虚，感到缺乏安全感。有人对寂寞做出了这样的比喻，说寂寞就像是阴冷的小虫爬满全身，令人痛苦不堪。

确实，谁都不愿意承受孤独寂寞的滋味，可是生活又不可能

总是热热闹闹，也不会时时刻刻总有人陪伴在自己身边。寂寞有时真的很难熬，自己心心念念等待的那个人总是不出现，而不该出现的身影却总在眼前浮现，诱惑着自己。有一天，有些人终于难以忍受空虚和寂寞，抱着凑合的心情违心接受了另一个人，后来才发现，生活依然令你黯然神伤。

几年前，君君考上了北京的一所著名高校。大一时，君君依然保持着高中时的学习状态，成绩也一直名列前茅。渐渐地，她发现，同学们似乎并不怎么看重成绩，而是更看重谁家更有背景，谁的男朋友更帅、更有钱，谁的女朋友更漂亮、更可爱。君君也明白，大家都关心着毕业后的找工作问题，往长远了说，还有以后的生活问题，所以大家都变得现实了。

和君君同居一室的几个室友，每天谈论最多的不是学习，而是今天和男朋友到哪里消费了，明天男朋友要送什么礼物给自己……

听得多了，君君开始感到失落，甚至悲哀。她想：怎么忽然发现，自己是那只唯一没人喜欢的丑小鸭呢！此刻的她，真觉得无比寂寞无聊，并且因而感觉失去了生活的热情。君君试图摆脱这种感受，于是，她开始“寻觅”……

在学校组织的一个参观旅游活动中，她一眼就看到了王成他那张帅气的脸和那双动人的眼睛。在和他对视的几秒钟后，君君感到“自己的魂都没有了”。毫无疑问，君君爱上了他。

回到学校，君君顾不得女孩子的羞涩，开始给王成写情书、发短信，疯狂地追求王成。俗话说女追男隔层纱，最终王成同意做君君的男朋友。

3年之后，他们毕业了。王成找到了一份导游的工作。他们租了房子，君君却因为荒废太多的时光，工作一直没有着落，不好意思再向家里要钱，房租、生活费暂时由王成来付。随着王成出差机会的增多，对君君的态度越来越冷淡，女人的直觉告诉君君，王成有了别的女人。

君君猜得没错，那个女人给她打电话，羞辱了她。君君当时都有了自杀的念头。但是，她还是爱着王成，希望他回心转意。然而，君君的哀求还是没有留住王成的心。

经过很长时间的痛苦和反思，君君感到，因为寂寞而去寻找的恋爱，由于两人之间没有灵魂上的交流，因此感情是非常脆弱的，就像经年的瓷器，碰到了坚硬的现实后，除了破碎还是破碎。

爱一个人需要时间，忘记一个人却需要更多更多的时间。所幸，君君现在已经走出来了。君君暗自告诉自己：如果再有机会，说什么也不会因为寂寞而去“傻傻地爱”了。

不要因为寂寞去做什么，包括恋爱。上帝不会让他的孩子孤独，只要坚守，上帝为你们安排的爱人正在一步步向你走来，只有那一个人才会和你相亲相爱，直到永远。

仔细想想，其实寂寞并没有你想象的那么可怕。当你懂得了寂寞，便会感受到寂寞其实是能给自己内心带来平静的东西。寂寞也不可悲，因为寂寞能让我们沉淀出很多思考。我们应该努力试着去习惯寂寞，并享受寂寞，只有这样，才能享受生活的静好。

11 爱上不完美的那些事

* 他们在二十岁的时候没能结婚，因为他们太年轻，到了八十岁，他们还是没能结婚，因为他们太老。

* ——加西亚·马尔克斯《霍乱时期的爱情》

有一年贺岁档有一部冯小刚执导的电影名叫《非诚勿扰》，里面有句台词，一时成了“名言警句”：“婚姻怎么选择都是错的，长久的婚姻就是将错就错。”

钱钟书老先生的“围城论”入木三分地道出了婚姻真相，冯小刚的这句“将错就错”则以调侃的姿态诠释了婚姻的本质。这里的“错”应该是隐忍与妥协的代名词。通俗点讲，夫妻双方应该在婚后学会“装傻”，懂得对一些事情睁一只眼闭一只眼。这种态度本质上就是将错就错，就是包容，就是不要太精明。

周末的一天，李晓丹在逛街时遇到了闺中好友舒雅。舒雅说和老公过不下去了，准备离婚。听了这话，李晓丹惊讶不已，以前舒雅总把老公的好挂在嘴边，惹得姐妹们艳羡不已。

李晓丹问舒雅为什么，舒雅泪眼婆娑很委屈地说：“我对他那么好，对他就像伺候我儿子一样，可他没有良心。他的衣服都是我亲自给他买的，他的早餐晚餐都是我亲手给他做的，对于这个家，我付出了那么多，他却跟我撒谎，刻意隐瞒他的行踪。事后被我发现了，他竟然说我有病，疑心重；这还不算，明明他的口袋里有五百多元钱，可是，第二天他就不承认了，这日子真没法过了……”

看到舒雅怨气冲天，李晓丹在为她的婚姻感到不安的同时，语重心长地劝慰着舒雅。李晓丹说：“你想没想过，一个男人究竟会喜欢一个怨妇，还是会喜欢一个懂得在适当的时候‘装傻’的女人呀？其实，女人的宽容才会让男人有安全感。你们的婚姻之所以走到了边缘，可能是因为你不懂得变通，又不懂得适当地调整自己的心态。试想五百元钱与婚姻相比，又算得了什么呢？”

舒雅听了闺密的话，不由得瞪大了眼睛，继而长舒了一口气。

她似乎已经清醒地认识到自己婚姻问题的所在……

因为一张“红纸”的保护，婚姻看上去似乎稳固了很多。但实际上，感情这种东西始终是脆弱而敏感的，因为婚后两个人的距离更近了，所以有时候两个人的感情比结婚前还要脆弱而敏感。有时候，进一步就是山重水复，而退一步就是海阔天空。因为婚姻生活本来就充满了烦琐杂事，没有谁对谁错的判断标准。它需要我们在这些鸡毛蒜皮的小事面前，学会睁一只眼、闭一只眼，不要斤斤计较，不要吹毛求疵。这样会留下一点余地，不管对自己还是对另一半都是最好的保护。

有人说，结婚前要把眼睛睁大，结婚后要睁一只眼闭一只眼。婚姻中夫妻二人要共同面对人生的起起伏伏，在琐碎的家长里短里养儿育女，平平淡淡地过日子，这种状态胜过所有的海誓山盟。这时候，彼此的很多优缺点都会暴露出来，追求完美只能是自寻烦恼。这个时候，要想让自己幸福，不妨学着装傻，在不完美中寻求平淡的幸福，这才是真正的智慧。

12 暂时的遗憾并不是损失

* 世间没有一件造物会是完美的，但有时缺憾会更美。

* ——今何在《悟空传》

苍生难渡，缺憾永存。如果你选择接受了自己的人生，那么同时也意味着你接受了人生中的缺憾。或许你觉得，这是不公平的。可是为了生存，为了可能存在的幸福和完整，你没得选。

周日的傍晚，玲和老公峰送完刚进入寄宿制学校的女儿，难得享受一下二人世界。于是，他们去家附近的美容院做了按摩。

出门后，峰问玲："舒服吗？"

"嗯，舒服。"玲简单地回答。

“是应该享受一下，我们原来对自己太苛刻了。”峰很有些感慨似的说。

玲说：“不能这样说，原来没有时间，整天围着女儿转。”

峰说：“就是，就算是这样，女儿的学习成绩也还是不怎么样嘛，唉……”峰的语气似乎透着不满意。

玲说：“春节的时候这里刚开张时，我就想办卡的，问你，你不愿意来，我一个人消费又不划算，所以一直没办。”

峰说：“那时炒股刚开始，没有挣钱嘛！”

玲说：“哪里就差这点钱？”

峰无语。

吃晚饭时，两人聊起他们共同的朋友娟。娟刚刚去了新加坡，是投奔读博士的丈夫去的。想到娟的丈夫，玲就不由得拿自己的老公做比较：“人家去了新加坡，将来就可以定居在那里，娟真幸福呀！”

听到这话的峰，立马感到有些刺耳，他则想起了娟的老公的一些不足之处，便忍不住和玲理论起来：“考上博士怎么了，这种人注定一事无成。当年和我一起做生意，本来说好的事，总是一而再，再而三地找借口推托，最后这事就不了了之了。一点魄力都没有，我看他除了做表面文章，什么也做不好……”

没等峰说完，玲又开始接腔了：“你怎么不找找自己的毛病，总是在别人身上找借口？心里一点不阳光，你什么时候才能别这么阴暗！”

就这样，你一言我一语，两个人就吵嚷起来。原本难得轻松的二人世界，却让这突如其来的争吵给“赶跑”了。

在玲心里，其实一直存在着对峰的不满，她觉得峰是一个不善于从自己身上找问题、总爱从别人身上找毛病的人，缺乏责任意识。玲甚至想过，如果不是孩子，她真想和峰离婚。

而峰呢，对玲的感受和玲对他的感受半斤八两，也是一箩筐的不满意。可想想离婚的折腾劲儿，干脆就这样将就了下来。

好在这两年，俩人似乎都想明白了，也许婚姻就是这样不完美，人生也是这样不完美，为了孩子，为了家的完整，凑合着过好了。只是时不时的争吵仍会搅扰他们期待中的宁静和安详，他们的感情也仍然在时而争吵、时而平静的状态里起起落落。

玲和峰的婚姻状态绝不是个案，类似这样的家庭或许在现今社会里不在少数。有些人为了心中的那份完美，力图改变带有瑕疵的婚姻，就是离了；更多的人则是像玲和峰这样碍于种种客观和主观的因素继续维持着没有多少幸福感的婚姻，接受着这份不无缺憾的婚姻和生活。

@ 103

百年人生，说长不长。短暂生命里的空洞，或大或小，或幸福美满，或矛盾重重，但缺憾却始终存在。像梁祝的爱情，像瞎子阿炳的琴声，像霍金的轮椅。遗憾背后，令人无限唏嘘。虽然都有遗憾，但却因遗憾而永恒。于是，我们只得感叹：人生缺憾，缺憾人生。如白玉有微瑕，岂不美哉！

13 每个美好的未来都从信念开始

* 没有人能使你倒下，假如你的信念还站立的话。

* ——比尔·盖茨

正因为有美好的追求，才诞生了无数斑斓的梦想；正因为有坚强的信念，才催生了那份坚持努力的毅力。

信念有着特有的伟大力量，它支撑着人们生活，催促着人们奋斗，推动着人们进步。

当信念在你的心中开始伫立起来的时候，你离成功也便越来越近了。如果我们在做任何事情之前，没能树立起一个坚定的信念，只是一味地犹豫和畏缩，告诉自己这也无法实现那也不可能做到，那等待我们的就只有失败。只有坚定自己的信念，才能向着成功的方向迈进。这一真理在生活的所有领域中都适用，包括事业，包括情感。

许婷和男朋友罗浩相处已经两年多了，两人是经人介绍认识的，相处得很不错。罗浩在一家网络公司做软件开发，工作做得很出色，现在已经从普通研发员升职为研发室主任了。由于工作变动，公司决定在年底前派罗浩去重庆分公司主持分公司的研发工作。得知这一消息之后，罗浩的心情并没有想象中的那样高兴，原因就在女朋友许婷这里。原来，两个人早就到了谈婚论嫁的程度，而且两家家长也都比较满意。早在一年前罗浩就提出了结婚的要求，可许婷似乎很犹豫。她说她不是不想和罗浩结婚，只是还没做好这个准备。后来罗浩又提了几次，可许婷总是犹豫不决，弄得两个人情绪都不太好。许婷觉得罗浩不体谅自己的心情，逼她逼得太紧；罗浩则觉得许婷对自己根本不是真心的，否则怎么会一而再，再而三地不愿意结婚呢？

罗浩赶到许婷家的时候，正好许婷的爸爸妈妈都在，他说了升职去分公司的事，大家都很高兴。罗浩看着许婷，接着说：“我想尽快把婚事办了，一来家里也在催，二来现在时间正好，要不以后到分公司那边可能找不到合适的时间。而且结了婚我到那边以后单位的房子也会很快批下来，我希望你也过去那边。”听到这句话，许婷脸上立刻出现了犹豫和为难的表情……

年底罗浩走的时候提出了分手，许婷没想到他会这么决绝，因此她痛苦了很久，始终无法解脱。

许婷并不是不爱他的男朋友，也并不是真想拒绝两人的婚姻，只是关键时刻，她对自己的这份感情依然缺乏信念，从而因为犹豫不决导致了两人原本美好的感情匆匆断送。

生活中很多事都是这样，当机遇来临，你可能无法马上做出一个令自己放心、满意的决定，你犹豫、茫然、不知所措，只能自欺欺人地将做决定的时机无限地向后拖延，让自己通过逃避，暂时获得安逸、舒适的感觉。

其实，这就是一种缺乏自信、没有坚定的信念的表现。其实，很多时候你能掌握的时机都是短暂的、少数的、转瞬即逝的。机遇不等人，当你还在犹豫该怎么做的时候，当你还在判断能否成功和可能出现的情况的时候，原本该属于你的机遇往往已经过去了。

如果没有坚定的信念，那么就会在该做决定的时候犹豫不决，或者拖拖拉拉，虽然暂时带来一定的安全感，但最终可能会让自己后悔终生。只有勇敢地面对自己的真实想法，勇敢地做自己认为可行的决定，勇敢地把自己的决定付诸行动，才能不被生活所奴役，才能做生活的主人，驾驭自己的人生。

Part 3

想要前进，有时就得先离开

01 幸运的是，没有在错误的道路上走完整个人生

* 人生看似要面临很多选择，分岔路，独木桥，其实即使你选择了之后，你会发现我们仍会被逼到人生的角落，很多人仍将错过，很多事没有结果，感情也是一错再错，很多承诺只剩如果，只不过，你已习惯了不再闪躲，面对生活，不再患得患失，冷静沉默，一切如昨。

* ——刘同《你的孤独，虽败犹荣》

很多人害怕及时止损，是因为他们的生活模式已经固化了，他们认为自己只有保持原先的生活状态才是对的。

从小，所有的人羡慕姚静的妈妈，羡慕她有一个乖女儿。因为，从五六岁的时候起，姚静每天都会主动坐在那张小书桌前，认认真真地读书学习。从小到大，姚静得过的奖状不计其数。到了考大学的年纪，姚静也非常顺利地升入了一所全国知名的大学，后来又出国深造，在一所常青藤大学读了硕士读博士。

但是，在读博期间，姚静发现，比自己高两三届的师兄师姐，找工作似乎很困难。不要说那些留学生，就连美国本土的学生，有的时候也会委曲求全，去墨西哥的大学教书。有位师兄帮姚静算了一笔账：每年每个教授要招收一位博士，也就是说，每年博士毕业生的数量，都相当于教授的数量。但是会不会每年都有这么多教职空缺呢？

姚静在读硕士期间的所有努力，都是为了以后在高校工作，以便以后能走上一条学术研究的道路。姚静不愿意放弃，于是她没有参加校外的社会实践活动，而是把所有的时间都砸在了科研项目上。等到博士毕业的时候，姚静果然没有能在美国找到合适的工作，于是她决定回国。

然而，想在国内的高校工作也很不容易。姚静参加了很多次面试，都没有找到满意的工作，最后终于有一所高校录用了姚静，但是给她的职位却不是姚静梦寐以求的学术研究的岗位，而是让她去做辅导员，负责一整个年级的学生工作，月薪2500元。

想想自己这么多年在国外的努力，姚静简直欲哭无泪。2500元在一座一线城市，连维持自己的开销都不够。如果是为了理想的事业，她吃点苦也心甘情愿，但是现在学校给自己的岗位又不是自己喜欢的。

姚静感到，自己的人生已经走进了死胡同。是毅然辞职，还是接受这2500块钱的工资，等待以后从行政岗位转到教学岗位的机会？姚静在这两者之间犹豫徘徊。

最终，姚静选择了放弃。

她选择了一所国内最知名的高中，成了一名语文老师。这份工作的月薪是8000元起，还有寒暑假等福利，最重要的是，在这所高中教书育人、组织学生活动，能带给姚静很强的成就感。

很多人为她惋惜，尤其是姚静的妈妈——她一直期盼着姚静能成为一名体面的大学教授。“你这么多年的书不就白读了吗？你本科毕业那会儿，直接进这所中学也不是不可能。”

但是姚静不这么想。放弃研究工作虽然很痛苦，但是正是因为这种放弃，让姚静看开了很多事情。

她做班主任的时候，从来不会强求学生一定要考到多少分，要取得什么样的成绩，而是去激发他们对学习的兴趣。

“现在想想，我小时候也觉得，一定要考到某个分数，否则就考不上好的大学、读不了研究生、读不了博士。然而在这个过程中，我丧失了很多发展其他兴趣的机会，也丧失了很多乐趣。”

姚静现在感到，自己的人生既丰富又精彩。

也许，不断地追求正确的生活，本身就是一种错误。生活原本就是短暂而艰难的，在生活的过程中为自己寻找一点乐趣，是对自己的善待。

02 掉了雨伞的人才会全力奔跑

* 你没有退路没有避风港没有安乐窝，你是强者你便拥有生活，你是弱者只能被生活无情的淘汰。

* ——沈石溪《再被狐狸骗一次》

希冀人生中不会遇到困难和阻碍，是每个人心底升腾起的直接而真切的愿望。可是，上帝总爱和我们开玩笑，抑或考验我们的意志，时不时地让我们遇到各种各样的困难。

困难袭来，我们或许会抱怨。抱怨归抱怨，日子还得继续。当走过千般痛苦，尝遍万般滋味，你会惊奇地发现，当自己默默地在岁月中跋涉时，痛苦和不幸居然带来了可贵的生命品质，比如自尊，比如坚韧，比如顽强，比如勇气……此时，我们才恍然大悟，原来，人生中的困难并不尽是坏事呀！

真的就是这样，当我们经历了那一段难挨的岁月，蓦然转身，才会发现当初的困难竟然变了模样。

敏霞年过而立，却已是饱经风霜。但是，在她的脸上却没有刻下苦难所带来的痕迹，她每天展现出来的都是一股温柔、恬静的柔美气质。

每当谈起过去，敏霞都会微微一笑说："没什么，都过去了。对于我所有的经历，无论是苦难还是快乐，我都同样珍惜。"

原来，生长于一个偏僻山区贫苦农家的敏霞，从小就是个志存高远的"花木兰"，她立志要靠自己的努力改变命运，踏出那片大山。

苦心人天不负，经过辛苦读书十几年，成绩优异的敏霞终于考取了一所不错的大学。

然而紧接着敏霞也迎来了人生的大不幸——就在四处奔走凑齐了学费的几天后，敏霞那积劳成疾的母亲突然去世了。失去至亲的痛，让敏霞感到万念俱灰。她本想自己毕业后，就可以让母亲过上好日子了，可没想到母亲在这个时候离开了自己。

由于家里经济窘迫，又加上少了母亲这个主要劳动力，敏霞不得不放弃上大学的打算。

在全国所有大学开学的日子，敏霞却用瘦弱的身躯背起了简单的行李，来到了北京。经过一段时间的找工作、找住所之后，敏霞开始了打工生涯。同时，她还利用业余时间继续学习。

时间过得很快，敏霞边学习边打工的日子一晃过去了3年。这3年里，有着太多的不易，但敏霞都咬牙挺过来了。拿到了某著名高校的自学考试结业证书，敏霞觉得这3年的辛苦都值得了。

可是，这个时候，命运又对她来了一次考验。由于这几年严重营养不良，敏霞被检查出患了肝病。此时，和她相恋了一年的男友在得知这一消息后也离她而去。

面对重重打击，敏霞没有倒下，而是选择了坚强地生活下去。后来，经过一段时间的治疗和调养，敏霞的肝病已经痊愈。再后来，她找到了一份不错的工作，并邂逅了自己真正的“白马王子”。他们俩约定，结婚的日子，就是他们自己的小公司成立的日子……

终于苦尽甘来，敏霞对于过去，没有过多的感慨，她总是淡淡地说：“苦也好，甜也好，这就是生活。苦难的积累，也就是生命的意义。”

敏霞所经受的苦难和痛苦着实令人同情。但她依然坚强和乐观，依然保持着对幸福的向往和追求。其实，痛苦对于每个人来说，都是一笔宝贵的财富，它不像幸福和快乐那样受欢迎，也不像激动和兴奋那样“高调”，而是在某个悄无声息的角落里，默默地为我们奉上最隆重的奖励。

生活并不像我们想象的那样富有诗意，当你身陷困境的时候，是否悲观失望，产生过很大的压力？其实，希望无处不在，即使在困境中，也同样存在着希望。这时，只要放松自己，换一种心态，你就能在困境中找到这种希望，一个只有在困境中才能体会到的另一种希望。

03 真正的放下，是不介意再度提起

* 时间扑面而来，我们终将释怀。

* ——辉姑娘《一切都是最好的安排》

挫折和失败都是人生的常态。当我们走过人生旅途中的一段段路，会发现风景毕竟有着诸多的不同。这一段风和日丽，云淡风轻；那一段狂风骤雨，乌云满天。

可是，相同的境遇投射到不同的心之屏幕上，便会映照出不同的结局。现实生活中，有很多人害怕遭遇困难，一旦陷入逆境之中就哀怨不已，而不是想方设法走出逆境。也有不少人在遭遇困境时，从心底发出这样的声音：“人生之路无坦途，学

会接受天地宽。”

其实，只有学会接受失败，才能找到失败的症结，才能化失败为动力。其实，这时候的失败，已然不是单纯的失败了，也可以说，纯粹的失败的感觉和经历，已经从我们的意识里淡忘了，消除了。

对于艾柯卡这个名字，汽车行业乃至其他领域的人们，都早有耳闻。他曾担任美国福特与克莱斯勒两大汽车公司的总经理。

从21岁那年任职于福特汽车公司开始，艾柯卡一直非常努力，他要求自己事事都有完美表现，最后终于摇身一变成为福特汽车公司的总经理。

然而，命运却跟他开了个不小的玩笑：他在1978年7月13日被妒火中烧的老板亨利·福特二世开除了。这对于艾柯卡来讲，无异于晴天霹雳，因为他个人在事业上可说是一帆风顺，绝对没想到自己竟会被老板开除。

就在一夜之间，艾柯卡如同从云端摔入了谷底。周围的人们开始远远避开他，就连过去公司的好同事也都抛弃了他，所有这些，让艾柯卡遭遇了生命中最严重的一次打击。当时，他彻底失去了信心，觉得自己完蛋了。

然而，当看到一则关于“忘掉失败”的散文之后，艾柯卡又重新点燃了心中未灭的火种。他想到散文中所说的话：过去的辉煌也好，失败也罢，都已是过去式了，如果一味地沉浸其中，那么只会给未来的日子设置羁绊。艾柯卡想通了后，觉得自己也该忘掉过去，忘掉那些失败的经历。

于是，艾柯卡开始了找工作的历程。通过面试，他进入了当时濒临破产的克莱斯勒汽车公司出任总经理一职。凭借过人的智慧、胆识和魄力，艾柯卡大刀阔斧地对克莱斯勒汽车公司进行了整顿与改革，同时向政府求援、舌战国会议员，取得了巨额贷款，重振了企业的雄风。

1893年7月13日，艾柯卡将面额高达8亿多美元的支票亲手交给银行代表。至此，克莱斯勒汽车公司终于还清了所有的外债。巧合的是，5年前的这一天，正是艾柯卡被亨利·福特二世开除的日子。

如果不是接受失败，艾柯卡还会因过去的挫折而让自己一蹶不振，如果不是忘掉失败，克莱斯勒汽车公司的总经理宝座或许早已另有其主。

其实，当我们接受了失败和挫折，也就能够坦然面对这一经历，并从中汲取经验和教训。这样看来，挫折在使我们痛苦的同时，也成了一种考验和挑战。当我们具备了面对挫折和痛苦时的成熟心态，那么这些挫折和痛苦也便幻化成了另外的样子，以淡淡的姿态在不远处催我们奋进，激励我们前行。而这也是生活的一种方式。

不能接受失败，也意味着一个人太希望获取成功了。可是，往往心理期望值越大，心理承受力就越小，也就越经受不住失败的打击。所以，还不如怀揣一颗平常心，接受失败，忘掉失败，“但行好事，莫问前程”，这样成功的概率说不定会更大呢！

04 做个心灵SPA，让痛苦蒸发

* 干净的痛苦一定会沉淀，沉淀成悠闲，悠闲是痛苦的补偿，痛苦是悠闲的衬垫。

* ——余秋雨《千年一叹》

“使人疲惫的不是远方的高山，而是鞋子里的沙子。”鞋子里进了沙子，每走一步，就会备感痛苦。注意力集中在这痛苦上时，就无暇顾及旅途中那些优美的风景。

所以，要想走起来舒坦，又能不失去看路边风景的机会，就要倒掉鞋里的沙子。

我们的心灵，同样也会被“沙子”给搅扰，这些垃圾情绪如果不尽快排除，那么我们同样不会舒服。只有把沙子“请”出去，才能还自己一个平和、安宁的环境，让一切都正常运转起来。

曾经一心想成为一名长跑运动员的汤姆斯，在一次偶然发生的事故中摔断了右腿，从此成了一个跛子，这也宣告了他将和长跑这项运动永远告别了。

但是，经过一段时间的痛苦挣扎之后，汤姆斯坚强地走出了阴影，并自学了心理学方面的课程，成为一名心理学老师。

这天，他准备在学生们身上做一个心理实验。汤姆斯来到课堂上，对这群十岁左右的孩子们说：“如果你们感到幸福，就请拍拍手。”

孩子们觉得很有趣，于是纷纷抬起手拍了起来。汤姆斯一边带着他们拍手，一边观察他们的反应。他发现孩子们因为拍手而焕发了更强的活力，个个脸上都笑意盈盈的。可当他的目光落到一个女孩身上时，忽然停住了。因为这个孩子和其他孩子不一样，她没有拍手，而是右手一只插在上衣兜里，脸上也毫无表情。

汤姆斯故意重复了一下自己刚才的话，可是这个女孩依然不为所动。汤姆斯生气地走到这个女孩面前说：“你叫什么名字？”女孩一声不吭。坐在女孩旁边的另一个女孩悄声告诉汤姆斯：“她叫朱蒂。”

汤姆斯深吸了一口气，强忍住怒火返回讲台继续讲课。刚才的良好气氛已经完全被破坏，他的心情变得很糟糕，这让他觉得接下来的讲课变得漫长无比。

终于熬到了下课，汤姆斯给孩子们布置了一道题为“幸福”的作文作为家庭作业，要求大家第二天上交，然后把朱蒂叫到了办公室。汤姆斯问朱蒂：“你刚才为什么不和大家一起拍手呢？下次不允许再这样了，知道吗？”

朱蒂脸上露出了难为情的愧疚之色，但仍然没有说明，只是默默地点了点头，便离开了汤姆斯的办公室。

第二天课间休息，朱蒂和一个同班同学发生了争执，俩人竟然打了起来。汤姆斯看着朱蒂满脸通红，衣衫不整的样子，连忙询问她这是怎么回事，可是朱蒂依旧什么话也不说便转身离开，右手自始至终都插在口袋里。

汤姆斯简直要被气疯了，这时一旁的一个女孩才告诉他说：“她的右手，以前因为不小心触过电，被切掉了。”汤姆斯的心里一紧，陷入了沉思。

从这个女孩身上，汤姆斯想到了曾经的自己。当遇到事情，身体和心理上的缺陷就像偷跑进鞋子里的沙子，硌得他无比痛苦，脾气也变得异常暴躁。这让他觉得自己就是这个世界上最不幸的人，别人都看不起他、讨厌他，所以他拒绝一切与快乐有关的事情。

只是连汤姆斯本人也难以想到的是，他通过最近的努力，倒掉了鞋子里的那些沙子，重拾了生活的信心和快乐。再看看现在的朱蒂，和当年的自己同样经历着苦痛，于是他决定帮一帮她。

再一次给孩子们上课的时候，汤姆斯向孩子们提议："我们再做一次那天的游戏吧，但是要做一点小小的修改，改成如果感到幸福，那就跺跺脚。"说完汤姆斯就带头自己先跺了起来，只是他的动作看上去滑稽极了，因为他的右腿被截肢了，他在戴着假肢跺脚。

孩子们看到了老师的良苦用心，都认真且拼命地跺起脚来。这一次，朱蒂不再沉默不动，而是把跺脚跺得最卖力的一个，眼里含满了泪水。

下课后，汤姆斯把这两天交上去的作文发给了朱蒂，他在作文本上写了这样一段批语：我没有给你最高的评分，因为你的鞋子里有沙子，而你不愿把它倒掉。因为身体上的不幸，你就拒绝让自己的心感到幸福和快乐。你应该也已经注意到，我也是个身体有残缺的人，但我有不幸之外的幸福。虽然以前的愿望离自己而去，但是我还是成了一名老师，认真而积极地工作着，生活着。如果你能把那些沙子倒掉，你也能像我一样，将会感到更加幸福……

徜徉于大自然，不可能不让鞋子里灌进沙子。生活旅途上，也不可能一直是晴天，总会有风雨交加、乌云密布的日子。我们的心不能因此就变得灰暗。因为被阴影遮蔽的心灵，会渐渐失去温度，变得冰冷。

或许你先天条件有所欠缺，或许你肩负着巨大的压力，或者你感到梦想遥不可及，但沉溺于、痛苦于这些事情本身，并不能让你的生活更好一些。人生本已不易，何不学会及时止损？只要你把折磨自己心灵的沙子倒掉，那么就会还心灵以宁静和明媚，你的生活就会充满希望，人生就会重拾幸福。

05 怕什么，什么就会来

* 如果问在人生中最重要的才能是什么？

那么回答则是：第一，无所畏惧；第二，无所畏惧；第三，还是无所畏惧。

* ——弗郎西斯·培根

困难、逆境，甚至灾难往往会与我们不期而遇，让我们张皇失措，乱了阵脚。也有些时候，不幸还没有到来，我们便已在头脑中发挥了无边的想象，想象着天塌下来的那一天……

杞人忧天，说的就不过如此吧！

一首歌唱道："天空是绵绵的软糖，塌下来又怎么样？"这种敢于迎接困难的精神和魄力恰恰和那种杞人忧天的情绪相反。这些人是乐观、积极的，思维也是正面的。不管是顺境还是逆境，他们都会甩出一句：天塌下来有高个子顶着呢，有什么可怕的！

只遗憾的是，相信“有高个子顶着”的人并不是很多，还有一些人总是杞人忧天。

几年前，一场金融危机席卷而来，艾米所在的公司也受到了影响，由于业绩下滑，一度传出要大规模裁员的消息。

艾米得知后，心里开始忐忑起来，随之陷入了极度的恐慌之中。艾米和老公都是从农村考大学走出来的，一步一步奋斗到今天很不容易。当时，她和老公正供着一套贷款100万元的房子，供养着上幼儿园的儿子，还要不定期地给双方父母寄一些钱。艾米最怕的就是失业，所以她工作得很卖力。只是公司要大规模裁员的消息，着实让艾米感到不安。因为这种情况下，很可能是裁掉某个部门或者某几个部门，涉及人数会高达三位数。

为此，艾米饭吃不香，觉睡不着，翻来覆去脑子里总想着自己将会被裁掉的事。她认真分析了一下自己周边的同事，觉得大家都不比自己差，要裁肯定会裁掉自己。自己所在的部门是公共关系部，由于公司不景气，这个部门也不同于技术部、财务部那样“不可或缺”，所以，按照部门来裁员的话，自己所在的部门也是首当其冲的。想到这些，艾米觉得暗无天日。

家人看出了艾米的不对劲，便问她是不是有什么不开心的事。艾米把自己的担心说了。老公劝她说："你这也未免太杞人忧天了，你们公司的状况你自己不知道？这么大规模的公司怎么能说裁员就裁员呢？而且你们公司的业务不是一直都保持得不错吗？这肯定是谁散布的小道消息。况且，你在公司这么多年，工作能力也是得到领导认可的，就是真裁员也轮不到你啊！"

听了老公的话，艾米却不以为然，她总觉得自己将要迎来失业的困境。因为长时间的焦虑，艾米出现了严重失眠的症状，并且因为长期焦虑而住进了医院，差点因此被公司裁员。

天没有塌，自己却倒下了，能怪谁呢？

快乐是自己创造的，烦恼也是自己寻找的。如果有什么事令自己苦恼，不妨多往好处想一想，说不定换个角度看问题，我们就能从苦恼中解脱出来。这样，我们或许会发现事情远远没有想象的那么糟糕。退一万步讲，即使糟糕，也要告诉自己：天塌下来还有高个子顶着。

有些事情要发生，自己根本无力改变；有些事情根本没有影儿，却让自己杞人忧天。其实，与其让自己活在抱怨与担忧之中，不如看开点，快快乐乐、轻轻松松地度过每一天。

06 一颗星的凋零，黯淡不了整个宇宙

* 你给我听好，想哭就要笑。

其实你知道，烦恼会解决烦恼。

* ——林夕《你给我听好》

几乎每天都能听见耳边有人在哀叹："我好痛苦啊！"似乎痛苦一直在我们身边，从未走远。

痛苦的原因，形形色色，诸如上班挤公交地铁，遭遇了一场不见硝烟的"贴身肉搏战"——痛苦！自己喜欢的人结婚了，旁边站着的却不是自己——痛苦！和自己最要好的朋友因为一点小

事而闹得不可开交，从此形同陌路——痛苦！

在埋怨痛苦接二连三“光顾”时，你是否静下心来想过造成自己内心痛苦的真正根源?

很长一段时间，婉韵觉得胃口很不好，晚上还时常失眠，身体也消瘦得非常厉害，去医院检查，结果显示一切身体指数都正常，也没有任何疾病的迹象。

在朋友的劝说下，婉韵决定去看心理医生。

“你是不是常会觉得内心很痛苦呢？”心理医生看婉韵情绪不好，便开口问道。

婉韵听医生这么一问，好像遇到了知己一样，觉得一下子问到“根儿”上了。

随着医生循循善诱的提问，婉韵开始滔滔不绝地倾诉自己内心的种种苦闷。

其实，婉韵的烦恼都是一些鸡毛蒜皮的生活琐事，比如楼上的那户人家每天晚上都会制造出这样那样的噪音；对面的邻居见面不主动和自己打招呼；自己所住的小区绿化和卫生做得一点也不好，物业工作人员的态度也非常恶劣；一个原本关系不错的同事居然在背地里说自己的坏话；老板总是承诺要给自己加薪，可是一点实际动作也没有……

婉韵越说越沮丧，感觉整个天都要塌下来似的。在她眼里，生活一点意义也没有，到处都是不顺心的事情。

心理医生一边耐心地听着婉韵倾诉，一边在自己的本子上记录相关内容，等婉韵说完，心理医生便问道："你和你丈夫的感情怎么样呢？"

婉韵听后，刚才还愁云密布的表情突然舒展开来，她会心地笑了笑说："哦，我和我老公的感情挺不错的，他非常疼爱我，我们结婚已经有8年了，很少吵架，即使我闹脾气，他也总是让着我。"说到这里，婉韵又不自觉地笑了起来。

心理医生微笑着点了点头，接着又问道："那你们有孩子了吗？"

"我们已经有一个6岁的儿子了，孩子很可爱，聪明活泼。"谈到自己的儿子，婉韵的眼里放出了异样的光彩。之后，心理医生又问了婉韵一些问题。

谈话即将结束时，心理医生把写满字的两张纸递给了婉韵。其中，一张写着婉韵之前所说的各种苦恼，另一张写着令婉韵快乐的事情。

心理医生对婉韵说："这两张纸就是你治病的药方，你把生活中不如意的事情看得太重，却完全忽视了你身边那点滴的快乐。"

生活中，从来不缺乏令人快乐的事情，只是缺少愿意快乐的心，婉韵总是将自己的目光停留在那些让她不快的琐事上，却忽略了身边真正值得自己珍惜和关注的人和事。

当你不快乐的时候，不妨闭上眼睛在神秘园*sleepsong*的空灵旋律下想象一下：在已知的宇宙中，距离地球最遥远的距离有150亿光年，银河系在整个宇宙面前不值一提，太阳系与银河系比起来连一粒沙子都不如，地球对于太阳系来说，只是一个微不足道的小行星……

“山河大地本是微尘，何况是尘中之尘。”相对于这浩渺的宇宙来说，自己的那点小痛苦又算得了什么呢?

夜晚仰望星空的时候，我们会不会觉得自己很渺小呢？不过“小”自然也有“小”的好处，比如当我们悲伤时，我们的伤口也很细微。当一个渺小的生命漫步在辽阔的宇宙里时，会发现这个世界有太多的风景值得我们欣赏，我们真的无暇悲伤，就让生命中细小的烦恼随风而去吧。抬头看看天空，你的胸怀也可以变得和它一样辽阔。

07 等到出众的时候别人自然会记得你，所以不必太自卑

* 人不能自卑，自卑把自己看得太低，什么事都做不成；人不能自傲，自傲把自己看太高，最后没有人能看得起你。人最重要的是别太关注别人的眼光，不断和自己比，和自己较劲，让自己成熟和进步，取得自己的天地。在别人眼中活自己，永远是别人眼光的附庸；在自己眼中活自己，就是自己的主人。

* ——俞敏洪

每个人难免都会有自卑的情绪，就看你怎样对待它了。如果你一味沉浸在自卑情绪中，那么这种情绪就会左右你的心情，影

响你的判断力和行动力；如果能够将自卑化作前进的动力，能够辩证地看待自己的优点和缺点，既不自卑，也不自傲，那么你就会成为一只翱翔天际的雄鹰，尽情展翅。

20世纪30年代初一个早春的二月里，苏联的一个普通农民家庭诞生了一个婴儿，是个男孩。

家人在短暂的兴奋过后，重新回到了艰辛的生活中来。而这个男孩也因为家庭的贫困而开始饱尝艰辛的童年。

男孩家共有6口人，一家人挤在一间破旧的小屋子里，靠农庄里分得的一口奶牛过活。

到了上学的年纪，男孩入学了。他非常刻苦认真，成绩也很优异，并且深得同学们的拥护。因此，他在同学和伙伴们中间威望很高。

但由于他头脑机灵，经常出些鬼点子，这让他的班主任很是不满。尤为让人可气的是，男孩或者其他同学受到老师不公正的批评后，他总是站出来说话，他那颇有情理的话总弄得班主任老师尴尬无比、瞠目结舌，这引起了班主任的不满。班主任把他当作一个坏学生，甚至想向校长提议将他开除。

男孩最终因为成绩优异而没有被开除。毕业那年，他以几乎门门功课都满分的成绩为小学交上了完美的答卷。因此，男孩对自己能够圆满顺利地毕业也充满了信心。

毕业典礼那天，会场上的气氛隆重而热烈。一个个学生都走到台上，恭恭敬敬地从老师的手里拿到了自己的毕业证书。轮到他上台了，当他走到台上的时候，他说自己有话要说，希望能得到主持典礼的老师的同意。

这位主持典礼的老师觉得很新奇，他想听听这个男孩究竟要说些什么，就同意了男孩要发言的请求。坐在台下的熟悉他的同学们也都以热烈的掌声欢迎他发言。

他冲大家摆摆手，表示感谢并示意大家安静。接下来，男孩开始说话了。他先是对那些在平时的生活和学习上关心、帮助过自己的老师致以诚挚的感谢。接着，男孩开始评论自己的班主任老师，并毫无保留地指出了班主任老师在工作中的失误和不足。他的话语让当时在台上端坐的那位班主任老师又气又急，非常尴尬，也非常恼火。

典礼结束后，男孩去拿毕业证书，可得到的答复却是他不能拿到自己的毕业证书，只能领到一张肄业证书。

对于这样的结果，男孩很是不服。他认为，自己已经通过优异的考试成绩证明了自己是有资格拿到毕业证书的，而学校给自己发一张肄业证书是侵犯了他的权利。

为了这张毕业证书，男孩开始在学校以及政府主管教育的部门来回奔走，为维护自己的正当权益而大声疾呼。终于，经过他很长一段时间不懈的努力，他取得了那张应该属于他的毕业证书。

这个男孩就是俄罗斯的第一任总统叶利钦。

如果叶利钦因为出身贫苦而看不起自己，那么他就会被自卑的阴云笼罩，遇到那些和自己及大家的利益息息相关的问题时，也不敢站出来，争取公平和公正了。

实际上，当你还籍籍无名的时候，用不着因为自己的种种缺点而感到自卑，因为那个时候，别人根本不会在意你；而等你有了成就之后，就更不用感到自卑了，因为那个时候别人对你的批评，很可能是在妒忌你。

很多时候，人生是非常需要勇气和自信的，只有具备了勇气和自信，才会从囿于自我的小天地里解脱出来，才会更广泛自如地与人沟通交流。正如歌德所说："卑怯的人叹息、沉吟，而勇者却向着光明抬起他们纯洁的眼睛。"

金无足赤，人无完人。因为不完美，便总会有自卑。无数的实例证明了一个不容忽视的真相：天下众人皆自卑，只是程度的轻重不同而已。自卑并不可怕，关键是要有战胜自卑的心态。当你对自己及周围的环境不满意的时候，切不可对生活感到厌倦和绝望，而应把它看作自己努力摆脱目前困境、超越自我的巨大动力。

08 坦然面对自己的不完美

* 当你感觉人生没那么如意，当你对自己的表现没那么满意，当你对自己爱的人或自己感到失望，当你觉得自己再也坚持不下去的时候，请记得对自己说：没关系，我们都是这样长大的。

* ——饶雪漫《那些女生该懂的事》

我的同事大洲是个身材“娇小”的美男子，他哪里都好，就是抗挫折能力差，总是在关键时刻习惯性地软弱，这个致命缺陷如影随形，坏了他许多事。

大洲经常这样抱怨：“我没有钱，是个草根；我的身高达不到标准，严重拖全省人民的后腿；我父母斗大的字不认得半升，为了供我上学，几乎把血都挤出来变成了钱；我没钱给自己买名牌，每天坐两个小时的地铁来上班，周末还要去肯德基打工；我住着这座城市中最廉价的出租房，骑着二手自行车，用着二手电脑；我买不起皮鞋和手表，也不敢去逛商场，比起那些生下来就什么都有的富二代，老天爷对我太不公平了，我痛恨这个世界……”

这段话是他的口头禅，每当他遭遇到不公的对待时，他就会这样碎碎念。

除去这样的时刻，大洲还是很拼的，再加上命运女神额外垂青，他年纪轻轻地就拿到了很高的薪水。

有一次，一个由他负责的重要客户突然要求取消合作，他好说歹说，对方仍然不为所动。最后，他被主管骂了个狗血淋头，工资降了三分之一，他被气得一个人躲在茶水间抽烟。

我说：“大洲，想开点儿，别太在意，以后努力去开发别的客户好了。”

大洲冷笑：“对你们来说，失去一单生意算不得什么，继续努力就行；你们不怕，可我怕。”

“你怕什么？”

“我赔不起。”

“赔？老板没有说罚你啊。”我有点儿后知后觉。

“我玩不起……”大洲红着眼睛用一根手指非常不礼貌地指着我说，“就说你吧。你是独生女，家里父母都有退休金，有房有车有保障，你在这里失败了，拍拍屁股就可以回到温暖的家，被父母呵护。可我呢？我有什么保障？如果我失去客户，就有饿死的危险。所以我玩不起，像我这样毫无根基的草根，拿什么和人家竞争？”

“别这么想，事在人为。”我觉得自己的安慰苍白无力。

大洲完全听不进去，好像被这次失败完全击垮了似的。平静下来之后，他开始不断地自我解嘲：“像我这样的人还要求什么呢？能解决温饱就不错了。”

同事们都说，大洲变得挺颓废的，再也不起大早来上班了，再也不殷勤地回访客户了，甚至对同事的笑脸也少了很多。他仿佛不会工作了，也失去了与人沟通的能力，再后来他失恋了，因为女朋友实在无法忍受他的颓废和得过且过。大洲没有挽留，照他的说法，他穷了，自然不配再拥有爱情这种奢侈品。这种言论把前女友气得差点当场吐血。

他的工资被一降再降，他的脾气也变得越来越差，处处传播各种负能量，最后，他灰头土脸地离开了公司。

见月伤心、迎风流泪的娇娃，不适合在职场生存。

@142

这个世界有太多的考验、太多的坎坷需要我们咬紧牙关去忍耐。如果不能以积极的心态面对自己的错误，怎么走到心想事成的明天?

我们都不是很完美的人，但我们要接受不完美的自己。在孤独的时候，给自己安慰；在寂寞的时候，给自己温暖。学会独立，告别依赖，对软弱的自己说再见。生活不是只有温暖，人生的路不会永远平坦，但只要你对自己有信心，知道自己的价值，懂得珍惜自己，世界的一切不完美，你都可以坦然面对。

09 请学会和烦恼做朋友

* 因寒冷而打战的人，最能体会到阳光的温暖。经历了人生烦恼的人，最懂得生命的可贵。

* ——惠特曼《草叶集》

生活犹如天气，有风和日丽，也有狂风暴雨；有快乐如意，也有烦扰忧愁。快乐与否关键在于自己的选择。今天快乐也是过，不快乐也是过，那何不选择能让自己愉悦的那份心境来度过呢？

烦恼无穷尽，我们又没有办法避免，那就试着换一种心境，和烦恼交个朋友吧。

在古印度曾经有个婆罗门祭司，他听说舍卫国的人们非常信仰佛法，每家都供养着佛法僧三宝，而且善于修道。为了观光礼佛，婆罗门打点行装，前往舍卫国。

这一天，他来到了舍卫国的郊外。就在路过一片农田时，遇到了这样一件事。一对父子在田间干农活，突然一条毒蛇爬到儿子面前咬了他一口，很快，儿子就毒发身亡了。

见此情景，父亲本该是悲痛欲绝猜对。然而让婆罗门意外的是，这位父亲表现得非常淡然，他既没有惊慌失措，也没有号啕大哭，就像什么事也没发生一样，继续干他的农活。

婆罗门觉得，这位父亲太不正常了，儿子就这么没了，他居然无动于衷，真是不合常理。带着疑问，婆罗门上前询问这位父亲其中的原因。

没想到，这位父亲的话让他再一次深感意外。因为他没有正面回答他，而是反过来问他说："你从什么地方来？来我们这儿干什么？"

婆罗门如实相告。他告诉这位农夫自己来自哪里，来的原因是什么，同时他也说了自己的疑惑：为什么儿子被蛇咬死了，农夫却一点也不悲伤，竟然还有心思继续耕地？

只听农夫淡然地说道："一切的一切，都有其必然的规律，每个人都会经历生老病死，悲伤哭泣又有何用？如果我为此而痛苦不已，那么我将会茶饭不思，没有心思做任何事，那不就是跟死了一样吗？如果这样活着，那生活还有什么意义？你进城路过我家的时候，拜托你向我的妻子转告一声，就说儿子死了，不用做他的饭了。”

婆罗门听了惊诧不已，他觉得这个父亲简直太无人性了。不过出于一番善意，他还是决定为农夫的家人带去这个消息。

当婆罗门路过那个“冷血”农夫家时，把这个噩耗告诉了农夫的妻子。谁知他的妻子听完后，反应竟然和她丈夫一样，不但对儿子的死无动于衷，还对婆罗门说道：“人生犹如匆匆过客，随缘而来，随缘而去，我的儿子也是一样啊。”

听农夫的妻子这么一说，婆罗门更加生气了，他又把这个消息告诉了农夫的儿媳，也就是死者的妻子。没想到她的反应和公婆一样。婆罗门愤怒地问道：“你的丈夫死了，你难道一点也不悲伤？”

谁知，这位女子沉默不答，不再理会婆罗门。

婆罗门觉得自己没必要在此弘扬佛法了。原以为这里是一群善良的人，没想到却是这样冷酷无情，这样的人根本不配修习佛法。

带着困惑，婆罗门找到佛陀请教。佛陀对他说：“你口中这些冷酷无情的人，其实是真正明白人生的人啊！他们很清楚，世事无常，万物都有其规律，不管你多么烦恼都没有实质的作用。明白了这点，他们也就没忧伤烦愁了。”

婆罗门听完后恍然大悟。

世事无常，烦恼常有，明白了这些，当不幸降临时，才会选择淡然的态度来面对。这样一来，烦恼忧愁也就阻挡不了继续生活的脚步了。

人生漫漫，岂能事事如意？我们的一生总会遭遇这样那样的不顺心。当我们无力改变那些困苦时，不妨转变一下态度，试着和诸多烦恼做朋友而不是做敌人，这样你的内心就会平和许多，也会快乐许多。

10 为失去太阳哭泣时，就会失去星星

* 让未来到来，让过去过去。

* ——夏七夕《后来我们都哭了》

世事难遂人愿，酸甜苦辣共同组成了人生这盘“菜”的味道。让苦少一些的办法，就是尽快“咽下”，不去回味。同样，我们让自己开心起来的办法，就是忘掉那些不开心，就像吃馒头咸菜一样把它“咽”下去。

年届不惑的高扬远没有人们所说的“男人四十一朵花”的状态，而是两鬓斑白，无精打采，还唠里唠叨的，被朋友们玩笑地称作“祥林哥”。

其实，以前高扬不是这种模样。曾经的他，是一家贸易公司的老板，公司效益也还不错。可是这一切都因为3年前的那次投资而改变了，他本来幸福的生活变得面目全非。

3年前，在一个老同学的介绍下，高扬投资了一个项目，他准备以自己的公司做抵押，然后贷款投资，与对方联手拿下那个项目。当然，出于老同学关系，高扬十分信任他。

可是，变故出现了。竞标失败，高扬损失了一笔。此时，那位老同学却不见了踪影，还把他打算用作投资的钱都给卷跑了。

这下，高扬又是气愤又是懊恼。自己辛苦打拼多年的家业就这样被疯狂掠夺，消失殆尽，让高扬感受到了绝望。

从那以后，高扬就如同变了个人一样，逢人便说起自己的不幸，逢人便打听那个骗了自己的老同学的去向。到现在，虽然已经过去3年了，高扬还没能从当时的情绪中走出来，依然逢人便说，遇人就讲他的遭遇、他的不幸……

“如果你为失去太阳而哭泣，那么你也将失去星星。”这是印度著名诗人泰戈尔说过的一句话。高扬不但失去了太阳，也失去了星星。

其实无论是谁，如果总为曾经的不如意而耿耿于怀，那么他的心灵之船很容易不堪重负，其记忆的船舶也难以承载得下，最终必将被痛苦的过去牵制住未来。

生活中类似的事情并不少见，类似高扬这样的人也有很多。只是很多人不知道，过去的人和事都已经过去，生活仍将继续，关键是现在和将来要如何进行。假如一味地沉浸在曾经的遭遇中而无法自拔，只能白白浪费掉现在的时光，让自己一蹶不振，自暴自弃。

这样的代价实在太大，对于未来的人生来讲也有失公平。所以，不管过去怎样，我们都不要沉浸在回忆中，而应忘掉过去的痛苦和忧愁，“咽下”那些不开心。

常有人说：“时间会抚平一切伤痕。”而遗忘，正是那双帮助我们抚平伤痕的手。那些过往，有一些开心的，也有一些不开心的。如果我们总是回想那些不开心的事，就会让烦恼翻倍。所以，为了现在和将来能够过得更快乐，还是学着把过去不开心的东西从头脑中清理干净吧。

11 若是不在意，便不会太失意

* 只要你不计较得失，人生还有什么不能想法子克服的？

* ——海明威

在纷繁复杂的尘世间，痛苦这个不速之客总会时不时侵扰我们的生活。面对痛苦，一些人试着让自己徜徉于自己营造的淡泊氛围里，使自己拥有一份难得的宁静和淡然。在这种平和心态的支配下，恍然间，你会发现，痛苦已渐行渐远。

一位经营麻布生意的商人，因为市场不景气而导致亏损，欠下了一大笔债务。在变卖了房产、汽车之后，还是无力偿还全部债务。在债权人不停地催讨下，这位商人的精神到达了崩溃的边缘。此时，轻生的念头跃入他的脑海。

心中装着无限的苦闷，商人独自一人来到一位家在农村小镇的亲戚家。论辈分，他管亲戚叫姨夫。他虽然很少来，但是时常会打个电话问候一下，所以关系还算不错。

这一次，商人来这里的目的，是打算让自己在所剩无几的时间里，能够享受一下恬静的生活。因为姨夫家有个不小的农庄，那里长满了瓜果蔬菜，一派幽静的田园景象。

此时，正值瓜果飘香的金秋时节。姨夫热情地为他摘了几个瓜果，让他品尝。可是，心情糟透了的他，根本没有心思享用这些看上去色泽诱人的瓜果，可他又不想拒绝老人的一番好意，于是礼貌性地吃了一点，并随口赞美了几句。

听到赞美之后的老人，表现得非常喜悦，脸上的皱纹在他微笑的表情下显得更深了。但深深的皱纹也隐藏不住他的快乐，姨夫也因此打开了话匣子，开始和外甥聊起自己种植这些瓜果蔬菜所付出的艰辛劳动：

“四月的时候播种，五月的时候要锄草，六月的时候需除虫，七月的时候得守护……”

原来，姨夫把自己的大半生都献给了这片农庄，而和农庄相伴的日子，大部分时间都是守着瓜苗、瓜秧，最后才收获果实。

为了让瓜果长得好，他不知道流了多少汗水，甚至泪水。

瓜苗刚刚出土的时候，适逢旱灾，为了让瓜苗正常生长，老人不得不每天挑大量的水来灌溉，但他丝毫不觉得辛苦。

还有一次，眼看就要收获了，忽然天降冰雹，打碎了他的丰收梦。去年的时候，就在瓜秧开出金黄色的花朵，准备要结果实的时候，突然而至的洪水又让这一切成了泡影……

类似的情况经常发生，而老人却始终以平和的心态面对每一次遭遇。他对前来拜访的外甥说，每当天灾到来的时候，他想到的不是可恶的灾害，而是为了让自己获得大丰收，接下来应该做什么。不管最后有没有获得理想的丰收成果，他都不会对曾经的灾害耿耿于怀，而是适时地把它们淡忘，然后让自己以平和的心态投入到来年的耕种当中。

老人对这位外甥说："和老天爷打交道，难免要受些气，吃些苦头，但是只要别总想着这些，而是让自己咬咬牙，挺一挺，尽量忘掉它，这样很容易就过去了，大不了来年再种就是了。"

商人听了姨夫的话，觉得老人真是个开朗、豁达的人。也正是姨夫的一番话，让他醒悟了过来。他吃完手中剩下的半个瓜果，在瓜棚的板凳上放下100元钱，以示感激，然后迈着坚毅的步伐辞别了姨夫，离开了农庄。

5年后，这位商人东山再起，成了一位现代化企业的大老板。

人生不如意事十之八九。适度的挫折可以帮人们驱散惰性，催人奋进。但如果长时间被不如意打击得抬不起头，提不起精神，始终不能以一颗平和的心面对这一切，那么到头来，只得在不如意中自怨自艾，唉声叹气。只有不在意的人，才不会在打击来临的时候过于失意。内心真正平和的人，心境也会欢快自由，带着这样的心态走过人生的风风雨雨，才会让痛苦渐行渐远，也才会收获那金色的果实。

不管遇到什么，首先都要有一种平和的心态，只有这样，才不会被曾经的或者正在经历的困难牵着鼻子走，而是将其放在记忆的深处，然后让自己重拾信心和勇气，从而走出一片康庄大道。

12 只要问心无愧就不会后悔

* 即使整个世界恨你，并且相信你很坏，只要你自己问心无愧，知道你是清白的，你就不会没有朋友。

* ——夏洛蒂·勃朗特《简·爱》

生活于世，每个人都渴望功成名就，成为富甲一方的成功人士。只是这对多数人来说，只能是无法实现的美好愿望罢了。大多数人都还是普普通通，过着粗茶淡饭的日子，每天上班下班、吃饭睡觉，仅此而已。

其实，平凡没什么不好，最重要的是在这平凡的生命中安置着一颗“良心”。有了做人做事的良心，我们就会无愧于他人，无愧于自己，也无愧于人生。这样的人生又何尝不是有意义的人生呢？

一位名叫罗伯特·米尔的一百多岁的德国老者，据说是目前德国最长寿的男士，他也是德国仅存的参加过第一次世界大战的老兵。

关于罗伯特长寿的原因，德国的各大媒体都曾有过报道。大家的总结无外乎三点：其一是家族中有长寿基因，其二是他喜欢清淡饮食，第三点是偶尔喝一点红酒。

然而，他生活中的一些故事却常常被人忽略。后来，有一家德国杂志刊载了罗伯特曾经经历过的一件事，让一些有心人开始考虑，使他长寿的，可能不是那三点，而是其他的一些东西。

1940年7月，罗伯特的邻居，也是他的好朋友约索夫被送进了集中营，因为他是一名犹太人。离开家的前一天夜里，约索夫把自己的5万马克委托给罗伯特保管。他说："我走了，我的妻子和孩子，你帮我照顾好。这些钱，没有谁知道，妻子、孩子都不知道。我的意思你是明白的，怕他们经不起纳粹人的折腾，说出去，连累了你。拜托了！回来后，我会报答你的。"

约索夫被带走的第二天，他的妻子和孩子也被带走了。他们被关在了什么地方，罗伯特也不知道。5万马克现金，就这样留在了他的手上。为了稳妥起见，罗伯特以个人的名义，把钱分开存在了4

家银行里，然后，他就把存折秘密地藏了起来。这件事，他也没敢告诉自己的妻子，因为他怕走漏了风声，被以窝赃罪枪毙。

可是，一等就是5年，直至二战结束，都没见到邻居的踪影。罗伯特想，也许他们全都死了，这笔钱看来是无法奉还了。不过，罗伯特依旧没有动用它们。

1965年，罗伯特68岁。他的家庭发生了一次大的变故。他与儿子联合经营的一家机械厂倒闭了。祸不单行，这一年，他的妻子还摔断了腿。为了走出生活的低谷，罗伯特想到了约索夫的那5万马克。可是，就在他准备从银行里取出这笔钱的时候，他在报上看到一篇纪念反法西斯战争胜利20周年的文章，作者是安迪·约索夫。从文章回忆的内容，罗伯特断定，这位作者就是约索夫的小儿子。也就是说，约索夫的家人没有全部被毒死，至少他的小儿子活了下来。但是，这5万马克，约索夫的小儿子根本不知道。

罗伯特陷入了空前的矛盾之中。他说："我一生，共有三个晚上没有睡好觉，全发生在看到那篇回忆文章之后。是归还这笔没人知道的巨款，还是拿出来拯救自己？"

40年后，当有人问罗伯特，对当初的决定做何感想时，他感慨道：令我骄傲的是，我选择了前者。

有了为人做事的良心，便会坦荡无私，内心也必将是坦然安宁的，而说谎、虚假、欺瞒，则会折磨我们的身心，让我们因为这些不道德的言行而受尽折磨，终日生活在一种灰暗的、忐忑不安的、紧张不已的状态里。这种不安会吞噬那个被人们称为“生命”的东西。

不管事大事小，也无论事难事易，只要对他人有意义，我们就应尽力去做。即使做得并不完美，我们也可以问心无愧地说：我是个凭良心做事的人。有了这份良心，我们才会让自己坦荡无私，才会让自己活得简单明朗。

Part 4

止损：摆脱一错再错的陷阱

01 乐观的人，从来也不会无路可走

* 世界愈悲伤，我要愈快乐。当人心愈险恶，我要愈善良。当挫折来了，我要挺身面对。我要做一个乐观向上，不退缩不屈不挠不怨天尤人的人，勇敢去接受人生所有挑战的人。

* ——几米《我不是完美小孩》

同样是一缕暗香，蝶儿会为之狂舞，鸟儿却不会为之驻足；同样是一个浪涛，小船可能会望而却步，海鸥却会破浪翱翔；同样是一株枯草，悲观者看到了死亡，乐观者却看到了新的希望……

一切都未改变，改变的只是心灵的方向。换个角度，不但能化解不幸，还会有所收获。所以，所有的遗憾、痛苦，无非只是一个

“角度”罢了，换个方向，也就换了一种样子；换一种心态，也就换了一种生活；换个角度，你会发现：哦，世界原来这么美！

周一一大早，高远就急匆匆出门，叫了一辆出租车，向离家50公里外的地方奔去。9点钟，他要参加公司在那里举行的内训。

7点多钟，正好是交通最拥堵的时候，他上车没多久，车子就被卡在了长龙一般的车阵里，半天动弹不得。

此时，坐在驾驶座上的司机师傅开始不耐烦地唉声叹气。高远随口和他聊了起来：“最近生意好吗？”透过后视镜，高远发现司机师傅的脸“唰”地拉下来，声音也满是哀怨：“现在油钱这么贵，公司要的‘份子钱’又多，每天十多个小时，根本赚不到什么钱。”

高远明白，这显然是个令人不愉快的话题。于是他说：“不过还好，你的车很大很宽敞，即使堵车这么久，坐着也让人感觉很舒服……”

没想到，司机打断了高远的话，激动地说：“舒服！你一天坐12个小时看看，看你还会不会觉得舒服！”就这样，高远不想再和这位师傅多谈，因为他觉得聊得越多，对方的怨气越重，自己的情绪也跟着受影响。

第二天，高远在同一时间，乘坐出租车去昨天去的那个地方。这一次，高远经历了和昨天迥然不同的体验。

他刚上车，司机师傅便迎上灿烂的笑容：“你好，请问要去哪里？”

高远心想，真是难得的亲切呀。和前一天一样，没走出多远便堵车了。这位司机在令人烦躁的堵车状态，全然没有不快的情绪，相反他吹起了口哨，唱起了歌。高远便问：“看来你今天心情很好嘛！”

只听司机师傅说：“我每天都是这样啊，每天心情都很好。”

“为什么呢？”高远问，“大家不都说这个行业不景气，工作时间长，收入都不理想吗？”

司机师傅说：“的确是这样呀。我自己也有孩子要养，所以开车的时间也拉长了1个小时。不过，日子还是要开心地过。我有个秘密，说出来你可别笑话我。”

高远微笑地摇头表示不会。司机师傅说：“其实很简单，对于不开心的事，我总是换个角度来考虑。比如，我觉得出来开车，其实是客人付钱请我出来玩，这不是很好嘛！前几天，我载了一对情侣去郊区的水库看夕阳，他们下车后，我也跟着下来喝了碗鱼汤，反正都来了嘛，也让自己借光享受下。”

此时的高远，忽然生出一种羡慕和欣赏的感觉。同时他还觉得自己好幸运，一大早就遇到这样一位乐观的司机师傅，让自己的情绪也跟着高涨。将要下车的时候，高远向这位师傅要电话。

接过师傅的名片时，师傅的手机刚好响起，是一位老客户打来的，对方要去机场。

高远明白了，原来喜欢坐这位司机师傅车的人不只他一位，这位司机的工作态度，不但让他赢得了好心情，也为他带来了很多生意。

同样面对一片落叶，有的人看到的是“零落成泥碾作尘”的悲惨命运，有的人看到的却是“化作春泥更护花”的高尚节操；同样面对一根蜡烛，有的人看到的是不久后的“蜡炬成灰”，有的人看到的却是它为人照亮了前面的路……

人人都喜欢乐观的人。抱着乐观的心态，别人会愿意帮你一把，给你机会。所以乐观的人，从来也不会无路可走。

02 不为眼前的得失而抓狂

＊ 不过世上的事情，常常都是这样，有的人求得太急切，最后什么都得不到，有的人放弃了，却又得到了。其实得得失失又算得了什么？最终还是都要失去的，只可惜很多人在得得失失里面失去了自己的心。

＊ ——江南《九州·缥缈录》

有人问李嘉诚的儿子李泽楷："你父亲教给了你一些怎样成功赚钱的秘诀吗？"他回答说，赚钱的方法他父亲什么也没有教，只教给了他一些做人做事的道理，其中最主要的一点就是不要只看重眼前的利益。

真正的智者正是不看重眼前得失的人，他们把“吃亏”看作是一种福气，把眼前的得失视作浮云。在他们心里，适当地让自己有所“损失”，吃点亏，不是愚钝；而这一时的失去，往往会给他们换来更为长远的利益。

如今，威尔逊的假日旅馆已经遍布全世界，可在他创业之初，所有的家当只有一台分期付款得来的缝纫机，价值不足100美金。

后来，威尔逊通过做生意赚了点钱，他想借着这点钱，把生意做得大一些。于是，威尔逊开始调查了解市场情况，然后做出了预测和分析。他决定从事地产生意。

当时，威尔逊所在的美国，地产生意是很惨淡的，买地皮建房子的人并不太多。周围的亲朋好友听说威尔逊的这个决定后，也都持反对态度。

但是，威尔逊却和他们想得不一样，他认为他们目光短浅。威尔逊想过，虽然当时美国经济不景气，但是日后肯定会进入大发展阶段，城市会飞快地发展。那个时候买地皮的人肯定会增多，地皮的价格也就会跟着暴涨。

由于资金有限，威尔逊也只能把目光锁定在那些远郊的荒地，因为这样的地方价格便宜。一次，威尔逊看重了市郊的一块荒地，那里不适合耕种，但由于地势不好，交通也一般，所以无人问津。

威尔逊经过一番观察，决定买下这片荒地。他的想法是，随着经济的很快繁荣，城市人口会日益增多，市区将会向外延伸。在几年后，这里很可能成为黄金地段。

果然不出威尔逊所料，短短3年的时间，美国城市人口剧增，市区面积迅速扩大，笔直的柏油路一直延伸到威尔逊购买的这块地皮附近。

很快，周围渐渐变得繁华起来。此时，人们都发现，这里周围风景宜人，很适合夏日避暑。

这样一来，这片土地价格增长迅猛，很多地产商竞相提出高价购买。不过威尔逊并没有为眼前的利益所惑，因为他还有更长远的打算。

不久之后，他在这片土地上盖了一座汽车旅馆，名字就叫“威尔逊假日旅店”。

由于地理位置好，并且舒适方便，自从开业，假日旅馆就顾客盈门，生意兴隆。

从那之后，威尔逊的生意越做越大，发展到后来，世界各地都可以看到假日旅馆。

眼前的利益往往很可怕，比困难都可怕，因为它是以诱惑作为杀伤力的，是一种温柔的捕获，它往往使人“一叶障目，不见森林”。

有人说，有时候放弃也是一种收获。确实是这样，放弃眼前小的利益，是将眼光放长远些，以便将来取得更多更大的利益。

生活中，总少不了得与失的交换。如果我们患得患失，斤斤计较，那么就可能因局部而毁了大局。所以，不要总把个人的得失看得那么重要，如果只专注于眼前，那么必定失去长远。只有在喧嚣中，独守一片平淡，在繁华中，坚持一份简单，不为眼前功名利禄而劳神，不计较得失，才会活得轻松，活得充盈，活得有滋有味。

03 如果事情还没好，只因还没到最后

* 忍耐是苦涩的，但它的果实却是甘甜的。

* ——卢梭《爱弥儿》

什么样的心态决定什么样的人生，什么样的心态也决定了什么样的生活方式。有好的心态就会有好的心情，有好的心情就会用心做好身边的每一件事情。

从某种程度上讲，要有好心态首先需要做的就是正确地认识人生、认识自己。因为生活是不可能按照我们的意愿去进行的。有时候，我们认为明明应该是这样的，可事实往往是另一个样子。这不是上天故意和你作对，因为这一点在谁身上都会体现出来。

生活不允许有“想当然”，只有不以自己为生活的坐标，而是接受现实，适应环境，改变自己，才能接近成功，享受人生。

今年32岁的王艳丽在一家规模很大的房地产公司上班，从大学毕业应聘到这里，到现在已经有9年多的时间了。这9年里，王艳丽从最开始的业务员做到了现在的部门主任，每个季度的业绩都是全公司的前三名。

在公司里，老板器重她，同事有难对付的客户都习惯求助于她，手下的员工们也尊重她，这使她的人气很高。在她看来，这个季度的区域经理人选非她莫属了。她所在的公司人事升迁制度是内部升迁，按业绩排名和综合成绩择优挑选。也就是说，王艳丽现在的级别是业务经理，如果顺利的话，那么按照她的业绩，这个季度她就可以升任区域经理了。

最近，王艳丽感觉同事们都在有意奉承甚至是巴结她，难免有些得意扬扬，毕竟才30岁出头，如果能做到区域经理，在这家公司还是不多见的。人事部已经让她去领取业绩考核单了，并且让她核实了自己的个人资料。看来，马上就要宣布任职通知了。想到这里，王艳丽不禁高兴得心花怒放。

两周以后，公司的人事任命下来了，升任区域经理的居然是另一个人，这让很多人大跌眼镜，不明白为什么王艳丽落选了。

王艳丽最近的情绪很不好，强烈的挫败感让她觉得难以再在这家公司工作下去了。

生活中很多事情就是这样，看上去是理所当然的，于是人们便理直气壮地去做判断、下结论，然后按照自己主观的想法去行事。

一旦结果没能如愿，这时候大多数人会将无法坦然接受这样的事实，以致影响自己的心理状态。

其实，生活中不存在“应该”或者“不应该”，如果一定要说“应该”，那么它顶多也只是一种可能，是一个方向。任何事情都不会因你的主观意愿而发生改变，能够改变的，只能是你自己。

所以，你要有一个可以接受一切结果的心态，这样，你才能把“意外受伤”的概率降到最低，从而才会有信心和激情去继续奋斗。

每个人的人生都有很多的路要走，但不管你走哪一条路径，问题、麻烦、困境这些影响你情绪、阻碍你前进的局面都可能会出现。所以，还是不要对尚未出现的事情下定什么结论，不要把自己置于一个注定安稳的想象环境下，你能够做的，只是坚持下去，树立起坚强的信心，等待结果，期待胜利。

王艳丽毕竟工作了9年了，在地产行业经历过无数风雨，她很会调整自己的心态，最后这个季度，她个人和部门的业绩都没有因此受影响。结果就在年终的总结大会上，董事长竟然亲自任命王艳丽担任公司副总，他说这份迟来的晋升，是她通过了最后一季度“特殊考察”的结果，公司更需要的是一个无论什么情况下都能坚定带领团队打胜仗的领军人。

04 不计较的人才能强大起来

* 我们最重要的不是去计较真与伪，得与失，名与利，贵与贱，富与贫，而是如何好好地快乐度日，并从中发现生活的诗意。

* ——林语堂《人生不过如此》

人活在世上，每个人都想有所作为，取得一番骄人的成就。可往往我们会斤斤计较，被浮躁和功利局限了视野。这种心态，终究很难使人生有更多的进步，更难以获得成功。

古人云："静以修身，俭以养德。非淡泊无以明志，非宁静无以致远。"其实，那些取得成就获得名利的人，却常常专心致志地做事而忽略了名利本身，他们只带着一份淡泊的心境面对每一天的日出和黄昏，在日复一日的努力下，名和利便会自动找上门来。

曾经执导过轰动一时的著名影片《泰坦尼克号》的导演詹姆斯·卡梅隆，就是一个很好的例子。

卡梅隆一向以善于拍摄大投资的电影而著称。不但《泰坦尼克号》投资两亿美元，《魔鬼终结者续集》《真实的谎言》也都是投资一亿美元的大手笔。

人们说，卡梅隆是个很会花别人的钱的导演，当然也是个很会帮助别人赚钱的导演。然而，大多数人不知道的是，他也是个很会放弃自己利益的人。据说，当年为了确保能导演自己写的剧本《魔鬼终结者》，卡梅隆连同《魔鬼终结者续集》一起用一美元的价格将剧本卖给他的制片人。

到了拍摄《真实的谎言》的时候，由于需要追加3500万美元的拍摄资金，卡梅隆又放弃了自己本该获得的佣金。到了《泰坦尼克号》，由于投入的资金已达天文数字，制片方要他缩减预算时，卡梅隆干脆放弃自己导演加制片的费用共800万美元，也放弃了日后的分红。因此，尽管《泰坦尼克号》创下电影史上的票房纪录，但卡梅隆本人拍摄这部电影的所得，只有他的剧本费——不到100万美元。

卡梅隆是个对名利看得很淡的人。可是回过头来想想，如果他将心思都用在追逐名利上了，那么在他的人际关系中可能会有更多的摩擦，哪里还有时间、有心思埋头做事情？说不定这些精彩的影片就都无缘和我们见面了。

名利这种东西，越是刻意追求，它也许就离我们越远；越是淡泊，它会离得越近。每一个能够不计名利的人，才能对工作全心全意地付出和负责，才能有更多的人愿意和他合作，也才能取得更多更大的成就。

与之相反，如果一个人对名利过于看重，他就会整日绷紧神经，挖空心思地活着；同时，他还会之心浮气躁，如负重的老牛般活得疲惫而幽怨。

生活的节奏变得越来越快，能让我们的灵魂和身体得以休憩就显得尤为重要。要做到这一点其实也不难，只需我们静下心来享受淡泊的生活即可。此时，你会发现它并非乏味无趣，而是一种超脱世俗的安逸，是人在精神上的一种自我关照。唯有淡泊，才能让人回归到自己的本真，使人有足够的时间和空间去洞悉自己的精神世界，以至找回失落或沦丧的心灵家园。

05 能轻易放弃的，就不是梦想

* 放下不是放弃，随缘不是随便。

* ——扎西拉姆·多多《当你途经我的盛放》

几年前，乔斌成和刘海宁共同租住在一栋房子里。说来也巧，俩人学的都是广告设计，算是同行。一次偶然的机会，正在辛辛苦苦找工作的时候，乔斌成和刘海宁一起被一家公司录用了。

这家公司刚刚起步，规模较小，人也较少，不到半年的时间，刘海宁就辞职了，他觉得这家公司缺乏实力，待下去会没有前途。

就这样，刘海宁选择了跳槽。在刘海宁走后，又有几个同事先后离开了公司。

当时刘海宁曾劝乔斌成也辞职：好单位有的是，干吗在一棵树上吊死呀？还不赶紧趁现在年轻，找个好点儿的单位，否则到时候连找女朋友都困难。

乔斌成当时也犹豫了，后来领导找他谈话，问他："你同学已经辞职了，你还有信心做下去吗？如果你想辞职，请直接告诉我。"

尽管如此，乔斌成还是不打算辞职，他认真分析了一下现实状况：首先，自己当初刚从校门出来，找工作很是困难，老板却给了他一个工作的机会；另外，公司领导是个兢兢业业、踏实肯干的人，这样的人应该会有作为的。同时，乔斌成还在心里想过，反正自己还很年轻，即使以后广告公司倒闭了，也算积累点人生经验吧。于是，他很真诚地说："我很高兴和您在一起工作，我觉得您很努力，将来我们的公司一定会有大发展的，所以不准备离开。"

其实，由于经营困难，老板自己都不想继续做下去了，而乔斌成的决定是他所没有预料到的，所以从此之后，他把乔斌成看作是自己的深交知己。在他们的共同努力下，广告公司的业务开始逐步好转。

之后，随着业务量的不断增大，公司开始不断地招兵买马，日益发展壮大起来，在近三四年的时间里，公司就在当地同行业有了一定的名气。乔斌成也很快被老板提拔为公司的设计总监，月薪高达万元。

如果乔斌成也和刘海宁及其他同事那样，在公司落入困境的时候选择离开，或许他会找到一份不错的工作，但却未必会像现在这样深得老板的器重和信任。

在某些情况下，人的确要学会止损。但是要做到明智地止损，首先就要辨明在目前的局势下自己有没有遭受损失。

像乔斌成这样，为了实现自己的梦想，坚定地认为自己应该跟着老板继续工作的员工，既为自己积累了信用资本，在行业内获得了良好的口碑，也在困难环境中获得了独一无二的工作经验。这种情况下，即使暂时无法获得现金的回报，也不会有什么损失，相反，这种做法是在为自己积累了财富。

所以，止损并不是要从每个看似不利的局面中抽身退出。任何退出和放弃都要审时度势，视情况而定。

06 你很忙，但先别忙生气

* 我们需要学会习惯被拒绝，即使是现在。我在找工作的时候被拒绝了30多次。去肯德基应聘，24个人收下了23个，我是唯一一个被拒绝的。我去考警察，5个人招4个，我又是唯一一个被拒绝的。后来我申请哈佛，被拒绝了10次。

* ——马云

人都有自尊，都好面子。而人又都会犯错，如同我们的身体都会生病一样。面对自身存在的问题，无论你多么排斥它，它总是存在的。既然出现错误，批评便在所难免。对于别人的批评，如果你生了气，竭力反驳或者不屑一顾，在让对方下不来台的同时，其实也丧失了自己改正错误的机会。

一位名叫李想的男士，在当地是一位小有名气的律师。

后来，由于家庭环境的变化，他决定离开家乡，去别的地方发展。于是他开始给一些正在招聘的企业投递简历。

他在简历中提到，自己有多年的律师从业经验，曾经打赢过很多难打的官司等等。可是简历投出去后，都如石沉大海，没有音讯。虽然有几个公司回复了他，但也都是礼貌性的敷衍，表示了不能录用他的意思。

翻看这些回信的时候，有一封信引起了李想的注意。这封信中这样写道："你根本就不了解我们公司，我们根本就不需要什么法律顾问，更不需要律师。我们的法律咨询工作早已外包给专业的律师事务所了。即使需要，我们也不会请一个像你这样连我们当地的方言都不会说的外地人。"

看着这封信，李想的脑袋都要被气炸了。他用了半个小时的时间来消解自己的激愤和怒气，他真想马上回信，狠狠地骂该公司一通。但是当他提笔准备回击的时候，他渐渐地冷静下来，不由得对自己说："等一等，我怎么知道这个人说得不对呢？我的确不会说本地方言呀！也许他们需要的人，是需要常和当地市民打交道的，所以需要懂得方言才行。如果真的是这样，那么想要得到一份好工作，自己很有必要学习当地方言。这样说来，还是要感谢这位‘点拨’自己的人呢！”

想到此，李想写了一封回信，信的内容是这样的：“感谢您在百忙之中愿意抽出宝贵的时间来答复我，尤其是您并不需要法律顾问的情况下。另外，对于我将贵公司业务弄错一事我深感抱歉。之所以给您回信，是因为听别人介绍，说您是这个行业的领导人物。我的确不会说本地方言，但通过您的提醒，我想接下来我会有计划地去学习本地方言。所以，非常感谢您！”

信发出去不久后，李想居然再一次收到了那家公司的回信，信中表示要给他一份工作。因为他的谦逊和宽容打动了曾经给他发来信件的人事部经理。

一封诚挚的回信换来一份满意的工作，实在是相当划算。而这也充分体现了李想勇于学习的良好品性。

人人都有不足，其实缺点并没有你想的那么可怕。很多时候，不肯承认自己的缺点，只是自己的虚荣心和“清高气”作祟罢了。一旦你学着承认错误，认识不足，并虚心接受别人的批评，你就会获得意想不到的结果。

当别人给我们当头一棒的时候，我们往往也想在第一时间用自己的“榔头”给敲回去，只有这样才能够保住自己的“面子”，让自己不至于掉价得太厉害。其实，越是忙着生气的人，往往越会错得离谱，如果一直任由错误的病菌累积到可以让自己“腐烂”的时候，那么你很有可能连改正的余地都丧失了。

07 戒了吧，完美主义

* 人生可能并不完美，但要是完美那就没意思了。

* ——吴亦凡

玫瑰花很美，可是它背后却有着尖锐的刺；荷花同样很美，可它只开在水中，你无法近距离地把玩它。好的东西不一定没有缺点，世间万物都有它本身的遗憾！

可当真面对自己的不完美之处时，很多人还是忍不住要苛求自己，要变得无可挑剔，完美无缺。如此，到头来也只有遗憾、懊恼的份儿了！

冯倩大学毕业后，找到了一份待遇不错的工作，在一家大公司当经理助理。工作中，需要跟不同的部门打交道，用英语与外国客户沟通，还要安排好经理的行程……

冯倩很珍惜这份工作，加班加点干活也毫无怨言。两个月后，冯倩要去机场接一个美国客户，却因为堵车误了点。事情顺利解决后，冯倩始终觉得自己会因此被“炒”，郁郁寡欢，做事也心不在焉。

为此，经理给冯倩讲了一个故事：法国一家汽车制造公司的老板在招聘员工的时候，给众多应聘者抛出同一个问题——在过去的工作中你犯过多少次错误？很多人的回答都是很少或几乎没有。最后，这个老板选择了一个勇于承认犯过很多错误的家伙，理由是“我需要人才，但不是一个从没犯过错误的人”。

冯倩听完后释然了，回头继续工作却发现，就在自己郁郁寡欢的这段时间里，她竟然又犯了不少错误，最后不得不加班加点纠正和弥补这些错误，耽误工作进程不说，搞得自己更加疲惫。

出现一些过错时，我们要做的，就是勇于面对它，而不是一味地担惊受怕。其实，不管是工作中，还是日常生活中，错误都是在所难免的。有了错误，才会改正，才能不断地成长和提升。我们常常说的“经验”，绝大多数都是在犯错后积累下来的，这是一笔宝贵的财富。

心理学家保罗·休伊特曾说："完美主义者其实很脆弱，他们更应该学会适时偷偷懒。"所以，为了让自己活得轻松些，我们还是要学会"偷懒"，对苛求挥一挥手，否则只会让自己生活在巨大压力中，饱尝痛苦。

人，没有永远不犯错的，所以我们没必要对自己苛求。只要对得起自己的努力和良心，就不要太在意他人的评价。否则，想让所有人都满意，而唯独自己不满意，对你来说又有什么好处呢？

08 世界愈悲伤，我愈要快乐

* 总有一天，我也会变老，时间掩盖了我的热情，吞噬了我的纯真，收回了我的童趣，但它抹不去我的快乐，我的愿望是："现在当个快乐的女孩，中年时当个快乐的阿姨，老年时当个快乐的老太婆——总之，拥有快乐的一生。"

* ——蒙哥马利《绿山墙的安妮》

一位作家说过："笑，就是阳光，它能消除人脸上的寒冷。"古龙也曾经在武侠小说《新月传奇》里说过："爱笑的女孩，运气不会太差。"

不是吗？生活就像一面镜子，你给它笑容，它也会用笑容来回报你。既然人生之路不免坎坷，我们何不笑着面对，笑着走过呢？

同村的人都知道，素霞是一个厄运缠身的柔弱女人，从小不被父母疼爱，因此被寄养在了叔叔婶婶家，身体羸弱，总是生病。大了之后嫁给邻村一个男人，结果在生下第三个孩子的时候，丈夫死去了。

之后，素霞就靠捡破烂养活一家大小。

生活虽然异常艰难，但是素霞却没有倒下。她在老家的小县城里捡了两年破烂后，一次偶然的机会，听说可以到城市里捡破烂，那样挣钱多一些。

素霞把两个大一些的孩子托付给孩子的舅舅照看，自己带着小儿子来到了离家几百公里外的城市。

这里果然比小县城收入多了。为了节约开支，素霞和儿子一开始就在小区的角落里搭个帐篷睡，后来稍微有点钱了，物业帮着给她找了个十平方米的半地下室居住。租金很便宜。

素霞觉得自己真是太幸运了，总能遇到贵人。又是一年多的时间过去了，素霞把二儿子也接到身边，让他在附近的民工子弟学校上学。

现在，周围的人经常看到素霞在前面蹬着三轮车，后面跟着她的两个儿子帮忙推车。更让人们惊讶的是，他们三个人干这么辛苦的活的时候，从来没有流露出愁眉苦脸的样子，脸上总是挂着笑意。素霞经常边蹬三轮车边哼着歌，两个孩子也跟着大声唱着。

大家对这三位母子既同情又欣赏，很多小区居民经常把废旧报纸什么的白白送给素霞。素霞总是深表谢意，总是能送给对方一个朴素而真挚的微笑。

就这样，一来二去，一些邻居和素霞一家熟识了，有时候给她送废品的时候，也和她唠唠家常。

这下，人们才知道，素霞还曾经有过那么多的挫折。不过她现在能够靠收破烂养活自己和三个孩子了，所以她感到很快乐，很满足。

这也是素霞总是微笑的原因吧！

对于坚强乐观的人来说，世间的一切苦难，永远是甜的。素霞的命运我们无法用语言评述，但我们看到了，遭遇如此多不幸的她，却用别人无法想象的“乐观思维”，使自己不但顽强地生存了下来，而且还依然笑得那么灿烂。

仔细想想，谁能没有伤痛的经历呢，只不过表现的方式有悲观消极和乐观积极的区分罢了。如果选择了冷漠，那么生活就会回报你冷漠；如果选择了微笑，那么命运就会回报你以微笑。

人生得意须尽欢，可是人生中并非只有得意。在那些“不得意”的时候，同样需要我们微笑面对。因为，生活不相信弱者的眼泪，它只对乐观进取的人微笑，而在每个人的笑容背后蕴含的正是一种乐观的精神。它会带给你信心、勇气和力量，帮助你战胜苦难。

09 凡是没有击垮你的，都会使你更强

* 我并不是一个坚强的人，但是我能在该坚强的时候坚强。你该明白，有些时候，你必须坚强。

* ——希尔《天蓝色的彼岸》

在每一段人生路上，“成功”就像一颗闪耀的星星，吸引着我们前去捕捉，得到之后，它便成为我们彰显自己本领的一样宝贝。而失败呢，却像一块被踩在脚下或者放在某个黑暗角落里的泥巴，不受欢迎，不被待见。

可是，如果我们问问那些成功者，他们是怎样走到今天的，或许所有人都会说，是经历了一次又一次失败，品味了一次又一

次失败之后，才有了今天的小成就。

这么看来，在成功之前，失败是必须要先被我们尝到的滋味。也就是说，要想摘得成功的星星，得先咀嚼失败的“泥块”。尽管它难以下咽，但唯其如此，我们才能够得到成功。

其实，咀嚼失败才是一种乐观积极的心态，也是能让我们顺利跨越痛苦和困境的良药。

在一次电话采访中，一个记者曾问李连杰：你这些年都是一帆风顺，那你是怎样变得这么强大的呢？

对于这个问题，李连杰首先的判断是，该记者之前没有对他进行很好的了解，至少没有为这次采访做认真的准备。

李连杰说起自己的经历时，这样描述道：“首先，我以前并不是一帆风顺。我在朋友中有个外号，叫‘死过一百次的生还者’。我从小父亲就过世了，家境实在太差，只好加入武术队，靠每个月微薄的补贴养活全家；11岁开始，我连续5次拿到全国武术比赛冠军；18岁参演《少林寺》一夜成名，但立马，第二年我就摔断了腿，差点儿成了废人；好不容易等到《黄飞鸿》系列电影大卖，我的经纪人又遭黑道枪杀，事业再次陷入低谷……这些都不说了。2004年印度洋海啸时，我差点儿妻离子散命丧异地。当洪水就在你眼前肆虐时，那种内心的惊恐与不舍，又有多少人面对过呢？”

当然，对于记者的提问，李连杰也表示了理解。他说：

“问这个问题的人估计从来都只是在电影中了解我，觉得我就是电影中那些硬汉，身怀绝技，从精神到肉体都是天生的强大。事实上，我只是一个血肉做成的普通人，甚至，我比很多人还要脆弱。有一段时间，我天天想着出家当和尚。但是，少林寺的一位高僧却不同意我这样做，因为出家并不能从根本上解决问题。佛家还讲究入世修行呢！后来，我去好莱坞发展时，他要我记住一句话：一切困难都是为了帮助自己变得更强大！

“这话听起来实在不像是什么祝福。果然，到了好莱坞，事情并不顺利。虽然台湾老板杨登魁花了上亿元帮我打造形象、创造机会，但傲慢的好莱坞并不肯接纳我这个身高才170厘米的华人。我忍着，直到一次在片场，导演把剧本摔到我脸上，冷冷地问我：你是不是不懂英文，所以剧本没看懂？

“那个晚上，我打电话给那位高僧。他淡淡地说：这些年你吃了不少苦头，但回过头来想一想，是现在的你强大，还是过去的你强大？我一愣，想着自己这半生的经历，的确，那些困难现在看起来都不值一提了，可当时，又何尝不是逼得自己无路可逃？可见，困难的确在让我变得强大，至少，让我的承受能力越来越强！

“从那以后，我不再惧怕任何困境，对困境甚至抱着一种‘欢迎’的态度。朋友都说我疯魔了，但我心里知道，这不过是在困难中修炼自己。我知道，困境总会过去，而经历困境的人，却在这个过程中变得更乐观，更有力量。”

其实，我们每个人都可以像李连杰这样，用健康、积极的心态面对人生旅途上的失败和苦难，那么在我们眼里，那些不幸的遭遇就会幻化成一道凄美的风景。当我们怀着这样一种看风景的心情来看待人生的时候，我们就会发现一切都是那么的淡然和美好，同时，我们还会觉得，原来一切并没有我们想象的那么难，那么悲惨。

失败和苦难就像难以下咽的饭菜一样，容易引起人的抵制情绪。可是，如果不去“吃掉”它们，就不会让身体补充应有的营养。所以，既然生活中很多地方都存在着失败和苦难，我们不妨乐观地看待它们，把它们当作自己迈入成功之门的必经之路。

10 离开任何人，你都可以精彩地过一生

* 那天晚上我们分手，一个人想着再见，一个人想着未来。

* ——顾漫《骄阳似我》

很少有人知道，柳眉曾经是系花，只可惜，经过多年平淡乏味的婚姻生活，当年的性感小蛮腰早已不在。

柳眉的孩子上幼儿园时，老公向她提出了离婚，并甩下一句话：“每天看见你糟糕的形象，简直是对我的精神折磨！”

她哭得死去活来，日日酗酒，夜夜失眠，婚姻不但摧残了她的形象，更消磨了她的意志。听到丈夫这样说，她瞬间恐惧起来：离开眼前这个男人，她要怎么活下去？

老公承诺把房子和存款都给她，柳眉不同意，她一哭二闹三上吊，甚至撒泼打滚，涕泪交加。她老公背过身去，厌恶地说："你这副样子，真难看！没想到你会变成这个样子。"

就是这句话，让柳眉决定彻底放手了。

走出这段关系，柳眉开始告别婚姻时代的颓废。

她用了半年的时间，一边减肥，同时考取证券从业资格证，从此迈进金融行业。

一开始，她做的是证券公司客户经理，听上去很高大上，其实，就是个拉客户的。每月80万元的业务指标，每天一睁眼就要不停地打电话，卖产品，做回访。一个月下来，要打1000多个电话，每个电话时长最少3分钟。到了下午，她嘴巴都麻木了，嘴唇整日裂着口子。

第一个月没有完成业绩，工资被七扣八扣，拿到手的钱只有1100块，她偷偷地在卫生间里掉眼泪。儿子在外面敲门："妈妈，你是不是在哭？老师说了，要做坚强的小孩！"

第二个月，她开始跑银行、商会、会所，希望接触到各路财神。

功夫不负有心人，连续拿了三个月低薪之后，柳眉终于咸鱼翻身了，她手指哆嗦着，打开工资条，10006元，看得她一阵眩晕。

柳眉到底拉来了一个大客户，由于交易频繁，交到证券公司的钱也是个天文数字，柳眉拿到的提成也让人瞠目结舌。

整个公司都震惊了，大家都在猜柳眉和这位神秘大客户之间的关系，她说，就是偶然在银行推销业务的时候碰上的，之前并不认识。

被公选出来打探底细的人笑得很暧昧：“哦，原来不认识呀……那你真的是财神护体咯！”

连续3个月，柳眉每月的收入都在1万元以上，公司里的女同事看她的时候，眼睛里几乎要喷出火来。

她陆续听到了很多毫不掩饰的窃窃私语，议论的中心就是她和那位大客户的关系，在人们的嘴里，那是一种十分不堪的地下关系。实际上，柳眉和那位客户几乎不怎么见面，除了每周一次的服务电话，她不知道这位客户的任何个人信息。

有比较八卦的女同事揣度她用特殊的手段换取了富贵，毕竟她还年轻，略有姿色。

柳眉的前夫也是吃金融这碗饭的，这圈子并不大，天下没有不透风的墙，风言风语很快传到了他的耳朵里。虽然他已经变成了柳眉的过去时，但还是会有一种尊严受辱的感觉。他找到柳眉，压低声音说：“真没想到，你一离开我就攀上高枝儿了，你现在是不是特别感激我？”

柳眉向后退两步，躲开前夫咄咄逼人的脸：“你什么意思？”

“什么意思，你不知道吗？非让人说出难听的话来吗？撕破脸多难堪。你和那个‘土豪’到底是什么关系？千万别说是蓝颜知己、朋友、路人，这些词都快被你们这些人用完了！”

柳眉气得胸口快炸裂了，她不说话，静静地听着前夫毒舌乱喷。

“想当年我把你养得也挺好的，你看上去那么像贤妻良母，没想到你为了钱竟然做出这么令人不齿的事，真替你恶心，没想到你是这种人！”

柳眉突然一笑：“你才知道啊？我就是这种人。我现在就后悔没有早点儿跟你离婚，要不然我早就发达了。”

她往前走了两步，逼近前夫那张无比龌龊的脸：“要不是你这块驴粪蛋挡着我的路，我早就平步青云了！”

“你，你……你无耻！别忘了，是我提出离婚的！”男人已经气急败坏。

“对，我永远不会忘记是你提出离婚的。你说你的钱就是我的钱，你说我的梦想就是你努力的方向，你说你替我去飞翔，我只需要在家里梳理羽毛……”她耸肩一笑，“你那些话还热气腾腾地散发着臭味儿呢，你这么快就忘了？”

男人被他气得脸都变形了，抬手要打，柳眉横眉冷对：“你敢动手，你这个银行副主任是不是不想当了？有多远滚多远！”

公司年会上，柳眉的神秘客户终于现身了，一位长相和穿戴都非常平庸的老男人，不显山不露水的。所有人都失望了，大家都以为是位高富帅呢，没想到连大叔都算不上，就是一个大爷。

大家悻悻地，柳眉从容地送上问候和礼物，随便话了几句家常，就安静地坐下来，男人不说话，她也不搭腔。

男人端了一杯酒，举起来敬她。柳眉莞尔一笑，浅尝辄止。他默默一笑，不语，继续扭头看台上的表演。

“你挺安静的，我不喜欢话多的人，以后继续合作。”最后老男人主动和她握了握手，就走了。

其他在台下叽叽喳喳议论着的人不懂，如今她已经能把握自己的命运了，还需要把希望寄托在一个不知底细的老男人身上吗？她曾经心甘情愿地折断自己的翅膀，把希望之翼都插在前夫肩上，希望他带着她飞得更高更远，可惜，他飞了，却嫌弃她不能飞。他从来不知道，她已经把自己的翅膀给了他。现在她知道了，把自己的人生转嫁到男人身上是可笑的，你不站起来，没人替你坚强。

没有任何理由让你折断自己的翅膀去成全他人，更没有任何人值得你这么做。

也许，你曾经觉得，离开某个人，你的世界就坍塌了。但实际上，离开任何人你都可以精彩地过一生。因为除了你之外，谁也不能替你创造你的生活。

Part 5

所有失去的，都会以另一种方式归来

01 赢家才不会找借口

* 原谅他人的错误，不一定全是美德。漠视自己的错误，倒是一种最不负责的释放。

* ——三毛《亲爱的三毛》

沈家明是陕西人，家乡是全国著名的贫困县，人均年收入不足500元。

从小到大，他学习成绩都很优异。中考时，他的成绩是全县第三名，全家人咬着牙，送他到县城第一中学读高中。他才读了一个学期，父亲就在工地上出事了——塌方的土墙砸死了父亲，从此，他家的天也塌了。作为长子，他责无旁贷地承担起了家庭重担，抹干了泪水，就去南方打工了，一去就是三年。

后来，因为一件事刺痛了他，他才下定决心重返校园。

一个冬季的黄昏，南方下着雨，寒意刺骨。他推着轮胎被扎破的自行车，来到路边的修车铺。昏暗的路灯下，男店主弓着身子，青筋暴起的大手使劲拧着螺丝。他的女人挺着大肚子进进出出，嘴里不停地数落着。旁边是他们的一双儿女，一个七八岁，一个五六岁，蓬头垢面地趴在湿泥地上，对父亲的忙碌和母亲的絮叨充耳不闻。逼仄狭窄的铺子里堆满了破烂，白天，这儿是谋生的地方，晚上，摆出被褥就是家。

这是生活在城乡结合部的一个小家庭，背后是黑黢黢的平房，前面是灯火辉煌的大厦。相离只有一步之遥，但要付出怎样的代价才能跨过这一步呢？

沈家明被这一幕深深地刺痛了，看着这家人，仿佛看到了自己的未来。他穷，但却不希望自己的孩子继续穷，除了读书，还有什么能改变这代代相传的命运？

第二天他就踏上了回家的路，返回校园读书。不眠不休，仅用了一年的时间，就学完了高中的全部课程，如愿考上了大学。

在大学里，他一个人打着好几份工，早晨送报纸，黄昏发传单，周末去做家教，平时还要负责打扫教学楼五个楼层的卫生。一次偶然的机会，他接触到了一家培训机构，凭着自己在数学方面的天赋，他轻松地说服培训学校的校长，顺利通过试讲，成了一名兼职讲师。

这是沈家明的翻身之役，大学毕业后，他来到这家培训学校就职了，拿着多年以前根本不敢想象的高薪。他说："靠着读书，我改变了自己的命运。"

没有人是天生的强者，那些成功的人无非是比懦夫庸众多尝试了几回。那些让人热血沸腾的励志主人公，不过是比你胆子大，不过是屡败屡战而已。

很多人天天仰望成功者，却依然活得毫无成就。

为什么看尽所有成功人士的传记，还是过不好这一生？因为所有想要通过别人的故事来成就自己的人，都是想规避尝试的风险，以为看了所有人走过的路，就预知了自己的未来，就不用面对失败。可是，路只有自己走过，那些风景才属于你，别人永远都是故事。

其实，梦想不是问题，问题是你为梦想做过什么。

为了飞上蓝天，很多人给自己立下了相当宏伟的目标，却又一边做梦，一边给自己留了一条"合情合理"的退路容纳自己的懦弱。

"这个目标太难了，除了天才（幸运儿）谁能实现呢？"

“我达不到梦想是因为我笨，假如我再聪明一些，结果就不是这样了。”

“我为什么要努力拼搏呢？那些‘富二代’伸出小手指就能粉碎我毕生的追求。”

“无论我如何勤奋，都不可能赶上那些含着金钥匙出生的人！”

我们总是喜欢用很多外在的条件来遮掩自己的软弱。问题是，你抱着这样找借口的心态，就永远得不到改变。

再远的路都会有终点，只要你足够虔诚地走下去，就会走到属于自己的明天。

02 生命的难题不在于曾经的失误，而在于敢不敢继续向前

* 不犯错误，那是天使的梦想；尽量少犯错误，这是人的准则。错误就像地心具有吸引力，尘世的一切都免不了犯错误。

* ——雨果《悲惨世界》

当困难不期而至，当挫折猛然来临，有的人变得茫然无措，有的人呼天抢地，也有的人坦然面对，积极寻找新的出路。

其实，真正会改变的，只有第三种。只有怀着积极的心态坦然面对，并想办法去战胜它，才可能进步。带着这样的心态，即使遇到坎坷与波折，也终能迎来拨云见日、理想照进现实的那一天。

困难像弹簧，你弱它就强。只要你变得强大起来，也就没什

么可惧怕的了。

原国家体操队队员桑兰，家喻户晓，妇孺皆知。她6岁时进入宁波市少年体育学校，9岁时进入浙江省体育专业学校，12岁时凭借跳马这个优势项目迈进了梦寐以求的国家队的门槛。

5年后，也就是桑兰17岁那年，她代表中国参加了在纽约举办的友好运动会，参赛项目正是她所擅长的——跳马。

让所有人意想不到的是，在这个优势目之前的热身活动中，桑兰出现了意外，导致脊髓神经功能受损，胸部以下瘫痪。

这对桑兰本人，乃至整个国家体操队来讲，都是不敢想象的噩耗。因为这一诊断不仅宣布桑兰的运动生涯就此结束，而且也预示着未来的时间里，桑兰有可能要一直依靠轮椅生活。

尽管如此，乐观坚强的桑兰很快从残酷的现实中走了出来，她无数次地告诉自己：不要被击垮，一定不要倒下！

有志者事竟成，经过多年努力，桑兰终于迎来了人生中的另一个春天。2002年，她成为北京大学广播电视新闻专业的学生，而且还受到了星空卫视的力邀，主持即将开播的奥运特别节目《桑兰2008》。

虽说远离了钟爱的赛场，但是桑兰认为，自己照样可以在主持岗位上继续发光发热。就这样，她一直都在不断地鼓励自己，充实自己。工作和生活中遇到的太多太多的磨难，她都坚持克服了。因为她相信，自己可以做得很好。

2008年，我国首都北京迎来了第29届夏季奥运会。在火炬传递的人群中，就有桑兰。当时，工作人员看到她的手活动起来有些吃力，就想帮她在轮椅上支一个架子，将火炬放到架子里面。但是这一想法被桑兰拒绝了，她坚持用自己的手来完成火炬传递工作。

桑兰就是一直靠这种坚强和乐观走过了风雨人生路，她也是用这样的坚强和乐观感动着全世界所有关心她的人们。

困境就像我们的影子一样，时常伴随身边。在困境面前，只要我们能够像桑兰那样秉持乐观的心态，不放弃、不抛弃，相信自己能够战胜困难，那么早晚有一天，生活的阳光会照射进你的心房，让你感受到一片暖洋洋。

尽管生活中有阳光雨露，也有乌云雷电。但是，不管何时，都要记住，乌云雷电不过是生活中的小插曲罢了，明媚温暖的阳光才是蓝天永远的主角。所以，当遭遇困境和挫折时，我们不必被这些“乌云”搞得懊恼和失望，而应相信，它很快就会过去，灿烂的阳光正在不远处向自己招手！

03 经得起最坏的考验，也配得上最好的未来

* 苦难使人呈现坚韧，而一旦苦难成为活着的惯态，人将长久的浸淫其中，反而不会对苦难本身有多余感触。顺受等同于活着。这种无形的意志异常强大。苦难深处的人反而从没有想过放弃生命。

* ——七堇年《澜本嫁衣》

小玫是我发小，高二那年暑假，她出门旅游，路上出了车祸，同行的人都遇难了，只有她还活着。她被大车压在山坡下，过了一天一夜才获救，但大腿的粉碎性骨折让她落下了残疾。

她妈妈哭得死去活来，她自己却没有流泪，而且，她很奇怪

母亲为什么要这么难过。

她本是母亲从电影院门口抱回来的弃婴，天生带着牙齿，周围人都觉得不祥，只有母亲喜欢这大眼睛精灵耳的女婴，不顾周围人反对，执意地收养了她。

小玫很早就知道自己的身世，她对母亲说："能在大冬天把我丢在街上的人，我是不会去找他们的。"

她住院期间，我隔三岔五去探望，每次到那儿，她母亲不是在给她按摩腿就是在给她读小说解闷，她母亲笑着说："小玫眼睛疼，不想自己看书。"

我帮她抄了不少笔记，怕她落下功课。

"不必抄了，耽误你学习，我不想读书了，累。"她笑着说，这笑容苍白得令人心疼。

我上大一的那年冬天，下头一场雪的时候，小玫下楼去看雪时突然摔倒了，碰坏了腿里面的钢钉，不得不做了第二次手术。

我放寒假去看她，给她讲我的大学，她脸上的笑容依然苍白，好像从雪地里钻出的嫩芽。

"人的梦想未来都能实现吗？"

我使劲儿地点点头。

小玫重重地叹了一口气，捶着腿，苦笑道："我只有一个小小的梦想，就是腿快点儿好起来，不要截肢……”

因为长期卧病在床，她的两条腿肌肉萎缩得很厉害。

她看到我带着同情的眼神，故作轻松地说：“其实，我也有很大的梦想，我想办一所学校，专门教小孩子画梦想，要多绚烂有多绚烂。”

“这么喜欢小孩，你自己赶快结婚生几个……”我脱口而出，马上又后悔不迭。也许，她永远都不能再走路了，又有哪个男人心甘情愿地一辈子做她的“拐杖”呢？

“哈，我会的！”她装作很开心。

我再次回来时，她已经坐上了轮椅，腿终究没有保住，我尽量不让自己的视线下移，以免看见她空荡荡的裤管。

小玫笑着说：“老天爷知道我坐不住，怕我不成事，就拿走了我的腿，这样我离梦想又近了一步！”

我哭了，因羞愧而落泪。

那时，我正沉溺于一段鸡肋般的感情，难以自拔，关于未来的设想早已抛于脑后。我每天因对方的情感波动而喜怒无常，过得浑浑噩噩。上课时睡觉，下课后像孤魂野鬼一样在街上晃荡，有一种生不如死的痛苦。

路旁一盏盏昏黄不明的街灯，仿佛每一盏都在说：“忍住，等待，一切都会好起来。”我反复咀嚼与回味着这段感情，也一天天消耗着生命的能量。

不久，小玫就开办了自己的少儿美术培训学校。可我还困在感情的藤蔓里举步维艰。我在杯水波澜中沉浮，醒来时才发现自己竟然一无所有。小玫打电话给我：“亲爱的，我的学生在绘画比赛中获奖了，学生说最想感谢的人是我，我很开心……你怎样？最近为什么听不到你的消息了？”

我惭愧地低下头。沉浸在感情世界中的我，根本没有为自己的未来做什么打算。反而是小玫，那曾经坐在轮椅上，被我怜悯的人，走在了我的前面。

生命中最艰难的一段路，也许并不可怕。正是因为走过了这段路，所以才会有异于常人的勇气和毅力。

因此，不要畏惧苦难。如果你能经得起最坏的考验，那么你也配得上最好的未来。

04 放过别人的错误，就是放掉自己的痛苦

* 有人说，时间是最妙的疗伤药。此话没说对，反正时间不是药，药在时间里。

* ——木心《艾华利好兄弟》

当回首曾经走过的崎岖之路，回头望望身后的风景，都会生出别样的感慨。有的说，这一路走来，真是不容易啊！有的说，虽然历经艰难，但毕竟已经过去，明天的太阳还会照样照在自己身上，很好。还有的说，过去的不管成败得失，荣辱对错，都已是过去时了，多看看现在，世界依然如此精彩。

其实，每个人都不知道明天怎样、未来怎样，他能够做的只

能是忘掉过去，学会释怀，然后整理好心情继续向前。人生最痛苦的事，莫过于带着心灵的包袱生活。

熙蓁是一所艺术学校的声乐老师，有一个可爱的孩子和事业有成的丈夫。

当然，这些都是5年前的事了。因为之后，熙蓁的幸福生活彻底改变了。由于老公遭朋友出卖，公司落得了资不抵债的下场，只得卖掉房子、汽车，过上了穷得叮当响的生活。

面对这样的巨变，熙蓁的丈夫秦浩接受不了如此的打击，每天借酒浇愁，用酒精来麻痹自己，日益变得消沉、颓废，再也不是曾经那个意气风发的魅力青年了。与此同时，他的脾气也越来越坏，经常打骂妻子女儿。

迫于无奈，熙蓁带着女儿离开了他们共同生活了4年的家。

因为要租房子，还要负担孩子的学费，时不时还要接济前夫秦浩，熙蓁除了正常的在学校里的教学任务，还承担了一部分兼职工作。

一开始，她无法适应这样的生活，没多久就生病住院了。但是熙蓁告诉自己：你已经不是那个阔太太了，现在你要做的是养家、养孩子。

就这样，熙蓁慢慢地接受了现实，咬着牙坚持了下来。

两年后，有一天她在街上遇到了秦浩的一个朋友，了解了秦浩的现状。听朋友说，秦浩因为酗酒过度，现在身体状况很差，生活上也没人照顾。

那一夜，熙蓁失眠了，她无数次地问自己：要不要回到秦浩身边？

在两个礼拜的认真思考之后，熙蓁决定回去找秦浩。

得知熙蓁的这个决定后，她的家人、朋友都认为她疯了，这分明是给自己找麻烦。大家都不支持她的决定。

可是熙蓁却说："俗话说，一日夫妻百日恩，我们毕竟是夫妻，当初他也是一着不慎遭人暗算，即使他有什么不对，我也不想和他计较了。"

就这样，一家三口又破镜重圆了。熙蓁耐心地照顾着丈夫，不谈过去，不谈苦与累。感受到妻子的爱和家庭的美满，秦浩感到很后悔，很内疚。这时候熙蓁却安慰他说："过去的事都过去了，没必要再提了，只要以后我们一家身体健康，一切都可以重新来过嘛！"

听到妻子这样的话，秦浩感动得热泪盈眶，他伸出手臂抱紧了妻子和女儿。

一路走来，总会遇到这样那样的事，愉快的，不愉快的；正确的，不正确的。不管怎样，都已是过去，都在某一段路上被画上了句点。

放下那些曾为我们带来不愉快的过往吧！让那些曾经的悔恨、懊恼、遗憾都随着清风飘散而去，然后缓步轻行，让脚下走出一片别样的风景。因为只有学会释怀，你才会珍惜应该珍惜的，获得希望获得的。此时你会发现，释怀过去，世界依然因为自己而精彩。

05 这都挺过来了，还有什么好害怕的

* 我未曾见过一个早起、勤奋、谨慎、诚实的人抱怨命运不好；良好的品格，优良的习惯，坚强的意志，是不会被假设所谓的命运击败的。

* ——富兰克林

大海有潮涨潮落，浪花有高低起伏，人生的道路也同样有平坦和泥泞。当你跋涉于坎坷的人生之路，特别是步入人生的谷底之时，是以怎样的状态来面对的呢？一蹶不振还是坚强面对？坚强的人才会选择后者，其实也只有选择后者才能让人生少些遗憾，多些精彩。

不管身处何种境况，怨天尤人、消沉堕落解决不了任何问题，只会让自己的处境越来越糟糕。既然如此，何不用坚强的心态去面对呢？在坚强中学会自强，在坚强中找到自己的价值，在坚强中发挥自己的潜能，在坚强中笑对人生的一切苦难和不幸。如此，你的生命才会具有钻石般的质地与光芒。

对于很多人来说，约翰·库提斯是个熟悉的名字，他是著名的激励大师。据说，他刚出生的时候，让接生的护士和医生都感到震惊，因为他的身体比一般的新生儿都要小，小到可以和一个易拉罐一比“长短”。更糟糕的是，他双腿畸形，而且没有肛门。

小约翰着实可怜，他能否顺利成活都成了问题。医生对此也不抱任何希望，不无遗憾地对孩子的父母说：“你们的孩子现在非常虚弱，看状况是活不过今天了，请你们做好心理准备。”

尽管难以接受这样的悲惨现实，但小约翰的父母还是听从医生的指挥，精心为儿子准备了小衣服、小棺材和墓地。待这一切准备就绪，小约翰却依然安然无恙地活着。

尽管如此，医生依然劝小约翰的父母不要抱太大希望，她泼冷水道：“即使现在还活着，但他未必能坚持一周的时间。”

一周很快过去了，小约翰奇迹般地继续活着。不仅如此，他坚强地挣扎着活过了第一周、第二周、第三周……让医生和小约翰的父母不可思议的是，小约翰竟奇迹般地活了下来。

出院后，小约翰的父母将儿子带回家，并给他取名约翰·库提斯。他们觉得这是上帝赐予给他们的最好礼物，所以他们打算今后一定精心地养育自己的儿子。

小约翰的成长之路充满了艰辛。由于他的身体实在是太小了，在他的眼里，身边的一切都是庞然大物，这让他内心充满了恐惧。甚至连他家的狗都经常欺负这个小玩意。

父母看在眼里，急在心上，他们一时也找不出什么好办法。为了让儿子战胜恐惧，父亲对他说："如果你觉得恐惧，那么你就学会去坚强地面对它吧！"随后，父亲特意让家里那只狗和小约翰独处了几个小时。这一次锻炼，是父亲给小约翰上的第一堂课。

到了上学的年纪，小约翰和其他小朋友一样进入了校园。只是个头小别人很多的小约翰开始迎接着一场又一场的噩梦。因为调皮的同学总是拿个头矮小的他当玩偶随意摆弄和欺负。

受尽委屈的小约翰把泪水吞到肚子里，咬着牙让自己坚强地面对周围的一切。

后来，小约翰又做了一次截肢手术。那是他17岁的时候，派不上用场而且让行动更不方便的两条腿被截去了，约翰成了"半个人"，但是行动却比从前自如了许多。

读完高中之后，约翰想自食其力，于是他挨家挨户地敲开沿街的店门，询问店主能否雇用他。可是，因为他太过矮小，很多人看到几乎趴在地上的他，不禁摇摇头，然后迅速地把门关上。

尽管饱受冷落和拒绝，约翰始终没有灰心。终于，在经历了无数次的失败之后，约翰在一家杂货店找到了第一份工作。

由于行动不便，他不得不在早上4点多就起床，然后赶火车到镇上，再爬上自己的滑板，从车站赶到几公里以外的工厂。

这样的生活和工作虽然非常辛苦，但约翰一想到自己可以自力更生了，一种快乐和满足感便油然而生。

虽然只有半个身子，但约翰还是个体育爱好者。在他12岁时，就开始学打室内板球、轮椅橄榄球，并且喜欢上了举重。由于没有双腿，约翰长期进行上肢锻炼，他的手臂有着惊人的力量。1994年，约翰获得了澳大利亚残疾人网球赛的第一名；2000年，约翰拿到了澳大利亚体育机构的奖学金，并且在全国健康举重比赛中获得了亚军。

此外，约翰还分别取得了板球、橄榄球的二级教练证书。他那坚强不屈的毅力让很多人都为之折服。

如果说这些足以让人震撼的话，那么约翰后来的演讲则称得上超级震撼。也正是这次演讲，真正改变了他的命运。

一次，约翰应他人之邀对自己的经历做了一个简短的演讲，却没想到这次演讲赢得了热烈的掌声和巨大的反响。在场的听众听了他的故事后都被他坚强的意志所深深触动，甚至有一个女孩因此放弃了自杀的念头。

从最坏到最好，约翰的人生经历了戏剧性的转折。通过这次偶然的公开演讲，约翰重新看到了自己的价值所在，此时，他做出了一生中最大的决定：走上讲台，讲述自己所经历过的一切，讲出自己的挣扎和坚强拼搏，给他人人生的启示。

从那之后，约翰开始到世界各地进行演讲。到现在为止，约翰在190多个国家，共做了800多场演讲，他用自己的人生经历激励了许多处于人生低谷的失意人，让他们变得坚强起来。

作为一个在常人眼里注定不会有生命高潮的“半个人”，硬是用自己坚强的意志和有力的双手“走”出了生命的“谷底”。

缺憾常有，失意常伴，挫折更是难以避免。当我们身处最不堪的境地时，只要依然能坚强面对，那么终会跨越障碍，让自己走出生命的谷底。蓦然回首，你会发现，原来自己如此坚强，如此了不起。如果你能经得起最坏的考验，那么你怎么会配不上最好的未来呢？

06 设想最坏的，准备最好的

* 坚定地成为自己，同时关心他人的命运。学会爱这个世界，但随时准备好与之抗争。

* ——蒋方舟《黑夜中也健步如飞的路》

一头野猪在紧贴着树干磨牙齿的时候，被一直狐狸发现了。狐狸问野猪说：“像这样磨牙多累呀，趁着猎人和猎狗都没出现，你为什么不躺下来休息一下，晒晒太阳呢？”

野猪听了，嘴里咕哝道：“说不定猎人和猎狗一会儿就会出现了，等到那时再磨牙，可就来不及了，我要提前把牙齿磨锋利了。”

野猪有着很强的危机意识，在问题尚未出现前，它为自己做了最坏的打算，并做着最大的努力。

这不是杞人忧天，而是在尊重客观现实的基础上，为自己的平安做最大的努力。

《孟子》有言："生于忧患，而死于安乐也。"人生在世，不如意事常八九，经常会有一些不顺心的倒霉事不期而至，挡都挡不住，而那些幸运之事却总让人望穿秋水一般，盼也盼不来。

所以，我们需要对那些意料之外有可能发生的事做一定的心理准备，比如，面临考试做好名落孙山的准备，而不做金榜题名的准备；面临恶劣天气，要做好台风来袭的准备，而不存侥幸心理；进入股市要做被套牢、割肉的准备，而不做股市"一片红"的准备。

如果能够在事情来临之前先往坏处想，就等于有了接受这一结果的思想准备，即使坏事突然来临，也不会措手不及。

5年前，王振宇和尹立杰竞争一个职位，当时无论是能力、水平、人缘，王振宇都占很大的上风，可最后得到职位的却是尹立杰。一气之下，王振宇黯然离开了那个部门。

5年后，他们在一次偶然的场合中相遇了。尽管那时因为竞争曾经不愉快，但几年的时间已经淡忘得差不多了。这次见面，两个人不由得说起当年的那件事。尹立杰说："你知道你为什么失败了吗？就是你当时想得太好了，太乐观了，觉得非你莫属，所以一些该做的工作你没有做。而我觉得没有什么希望，也没有想那么好，可该做的工作都没有少，结果我如愿以偿，你却事与愿违！说明咱俩的处事的原则有区别，你是想得好，做得少；我是往坏处想，往好处做！”

发生在自己身上的很多事情，不也都是这样吗？开始还都想得好好的，可失败了后，就会平添很多烦恼，不由得让自己满腹牢骚，怨天尤人。可如果倒过来，不去想太多，也不用想得那么好，只要好好地努力做好每一件事就可以了。这样，当事情的结果到来的时候，不理想的话，我们可以欣然接受，理想的话，则是锦上添花。

还是要相信那句老话：做任何事情要有两手准备，从最坏处想，向好处争取。这样，不管在何种情况下，就都会让自己以平和的心态来接受，而不会过喜，亦不会过悲。

07 够乐观，废墟上也能开出花来

* 不管生命多么短暂，我们要笑着生，笑着享乐，笑着受苦，最后笑着死，这才不枉活一生。

* ——周国平《尼采：在世纪的转折点上》

“人要是生活在希望之中”，简单的几个字却渗透着很深的哲理。因为对未来有了希望和期盼，人才会有无限的激情，才会有持续奋斗的动力，才会有无穷尽的创造力。

也正因为有了这些，人的潜能才得以尽情地发挥，人生也因此创造了许多意想不到的奇迹，变得多彩和精彩。

所以，无论是风华正茂，还是铅华洗尽，我们都需要为自己点燃一盏希望的灯，让它照亮我们前方的路。透过这灯光，我们会看到路的尽头，有着我们对未来的憧憬和描绘，一张张蓝图展现在我们面前，无限美好。

第二次世界大战结束后，战败国之一的德国土地上到处都是废墟。一片片的废墟在表达着战争的残酷，也在震痛着生活在这片土地上的人们的心。

为了了解战后德国的情况，美国社会学家波普诺带着几名随行人员到实地考察。此次考察让他们对德意志民族刮目相看。

他们看到了许多户住在地下室的德国居民。而后，波普诺就向随从人员问了一个问题："你们看，像这样的民族还能振兴起来吗？"

"难说。"一名随从随口答道。

"他们肯定能！"波普诺非常坚定地给予纠正。

"为什么？"随从人员不解地问道。

波普诺看了看他们，又问："你们到了每一户人家的时候，看到了他们桌上都放了什么？"

随从人员异口同声地说："一瓶鲜花。"

"那就对了！任何一个民族，拥有这样一个心态，那就一定能在废墟上重建家园！"

没错，在一片凌乱不堪的废墟上，还会用鲜花来装点生活的人们，他们是坚强乐观的，他们对生活仍然是充满期待的。这样的人们、这样的民族，谁又能说他们没有希望呢？

莎士比亚说："治疗不幸的药，只有希望。"希望是一贴心灵的药方，它可以治愈不幸，甚至灾难。

一个民族如此，一个人同样如此。生活在现实中的每一个人，都会有一些意想不到的坎坷和困惑不期而至。即使这样，我们仍然不能让希望走出我们的生命。只有拥有希望，才能真正找到战胜困难、改变命运的突破口，成功也就不会舍自己而去了。

因为心中充满希望，一个人会用心做好每一天的事、每一年的事，做成一生的事业。如果没有希望，那他将会很容易走入"地狱"。所以，无论悲苦还是顺心，我们都不要向命运折服，只要看到希望，再苦再难也要撑下去。到头来，你会发现，原来一切坎坷和困难都不过如此，只要有希望在，就什么都能挺过去。

08 自己选的路，死撑着也要走完

* 有些事情不是看到希望才去坚持，而是坚持了才会看到希望。

* ——蜘蛛《十宗罪》

人的一生是一段漫长的路程，在这段路程当中，有阳光明媚的暖春，当然也少不了寒风刺骨的严冬。

不必为了一时的失败就否定自己，不能因为一次的得失就断定一生的成败，而要有从头再来的勇气，要用平常心去看待人生中的起落。

人生最大的敌人是自己，只有敢于承认失败的人，敢于从头再来的人，能够坚持奋斗下去的人，才能最终战胜自己，战胜命运。面对失败，我们没什么可抱怨的，冬天都来了，春天还会远吗？

3年前，姚思涵创办了一家小型图书公司。选择在这个行业创业，一来是因为她多年来一直从事图书编辑工作，二来是她非常热爱这个行业。

可是，父母和男友都劝告她："现在经济不景气，贸然投资风险太大了。而且网络平台越来越大，越来越发达，传统图书业怎么可能有竞争力呢？"可是，这个刚刚30岁的女孩还是凭着惊人的毅力自己把公司办了起来。她说："越是在危机里，就越有成功的机遇。"

谁知，事情可没她想得那么容易。伴随着金融危机的到来，图书业的萎缩和图书市场的萧条让许多同行业的图书公司都关门大吉了。在这样危急的形势下，父母和男友劝告姚思涵知难而退，把损失减少到最小。可是，姚思涵坚决否决了这个建议。她的自信和勇敢促使她得出了清晰的判断：危机会过去的，一切都会好起来！

接下来，她拿着东拼西凑来的运转资金，全部投入到了挽救公司中去。短短半年后，图书业活了过来，而姚思涵的公司在竞争对手大减的形势下，凭着在危机时保持的信誉与生命力迅速做大。现在，她的公司已经成了行业中的新秀。

回想起不久前的往事，姚思涵深深地感到庆幸，庆幸自己敢于承受挫败，坚持走到了成功的今天。

如果无法忍受失败，不在危机中保持苛求成功的希望和信念，那么姚思涵将不会有现在的成功。

其实，遭遇逆境未必就不是好事，危险总是孕育契机，黎明前总是太黑暗。当你身处逆境时，换个角度去思考，说不定就能发现暗藏的机遇，“坏事”就从此改变了你的命运。

所以，面对生活中的逆境，不一味抱怨，肯用心留意，时时皆机遇，处处有财富。相信自己，相信命运，寒冬过后便是明媚的春天！

09 将每次损失视作上天给的更好的机会

* 人活着，就得随时准备经受磨难。他已经看过一些书，知道不论是普通人还是了不起的人，都要在自己的一生中经历许多磨难。磨难使人坚强。

* ——路遥《平凡的世界》

玫琳凯化妆品公司的创始人兼董事长玫琳凯女士，凭借她的智慧，缔造了世界化妆品界的神话：从40年前那个只有9个人的小作坊发展到如今拥有75万名员工的跨国商业集团。

而这一切的获得，却离不开她的那份豁达的情怀。

在接受媒体采访时，玫琳凯就曾透露，之所以能有今天的成功，与自己从小养成的豁达的性格有很大关系。她还小的时候，父亲生病住院，母亲一个人为了照顾全家人的生活，不得不从早到晚地打工赚钱。

刚刚7岁的玫琳凯，就开始为母亲分担家务，当起了爸爸的护工和厨师。

那时候，由于个头矮小，玫琳凯只好站在椅子上做饭。因为不知道如何操作，她不得不一遍又一遍地给妈妈打电话。每次妈妈都激励她说："宝贝儿，妈妈知道你能做好，一定能！"

或许正是妈妈的鼓励，让小小的玫琳凯有了自信。即使做得不好，她也不会因此而沮丧，而是充满信心地期待下一次的工作。也正是从那个时候开始，这个7岁的小姑娘便有了豁达的心胸。

命运的使者或许有意栽培这个豁达的姑娘。就在玫琳凯27岁的时候，她的第一任丈夫离家出走，留给她的是3个孩子。

那个时候，她没有工作，也没有积蓄，面临的困难可想而知。

但是，这一切并没有让她愁眉紧锁，她很快就努力让自己走出阴霾，用平凡而坚强的面孔展示着笑意。她开始走向社会，自谋生路。经过一段时间的奔波，她终于找到了一份直销的工作。

在工作中，玫琳凯豁达的心胸同样给了她不小的帮助，这让同事们喜欢她，让客户们也喜欢她。后来，她成为经验丰富的销售强人，并开始一步步地走上公司的领导职位。

渐渐地，在玫琳凯的心里，开始勾勒起创办自己公司的蓝图。在49岁那年，当她看到孩子们已经有了一份好工作后，就退休回家了。退休后，玫琳凯开始筹划她的“梦想中的公司”。而这个公司正是后来享誉全球的“玫琳凯化妆品公司”。

在经营公司的过程中，玫琳凯凭借豁达的性格和与众不同的经历以及丰富的工作经验，赢得了员工们的爱戴，也赢得了客户的信赖。

20世纪90年代的玫琳凯已经是曾祖母了，可她却仍然展现着孩子一般纯真的微笑，并说自己才24岁。

在玫琳凯的一生中，曾经数次遭遇挫折。这些挫折有感情方面的，也有事业方面的。但是，玫琳凯并没有把这些损失看作是损失，也没有把这些挫折看作是挫折。相反，她把这些常人眼中的痛苦经历，看作是自己一生中的宝贵财富。每当遇到不顺心的时候，她都能从过去的经历中汲取力量。

如果你认定了自己是一个不幸的人，就会戴着有色眼镜去看自己的生活，在生活中发现种种倒霉的“证据”。那么久而久之，你就真的会成为一个倒霉的人，因为你的内心中充满了阴霾，你就会以负面情绪去对待生命中遇到的每个人、每件事。

所以，无论遇到什么样的事情，都不要带着发现损失的眼光去看待生活。当求职遇到拒绝的时候，应该觉得这是上天在给你更好的机会，并为之努力奋斗；当感情破裂，面临分手的时候，要去想说不定明天会遇到更好的人，并因此成为更好的自己。这样，你的生活才能越来越好，越来越幸福。

10 人生本就短暂，要做自己喜欢的事

* 一辈子很长，要跟有趣的人在一起。

* ——乔一《我不喜欢这世界，我只喜欢你》

还在少年时代，毛毛就爱上了吉他。那天，她和伙伴一起从地铁站的地下通道路过，见一个大哥哥模样的男生在弹吉他，不由得流连忘返。

那一幕，深深地印在了毛毛的脑海里。也就是从那天开始，她对自己说：我一定要学吉他，一定要弹奏出优美的曲子。

虽然学吉他的美好愿望时常出现在她的脑海，优美动听的吉他曲也总是在她的梦中盘旋，但无奈的是，她要备战中考。这占

据了她大部分业余时间，甚至没有时间去选一把心爱的吉他。

很快进入了高中，本想可以轻松一下，可是老师天天念叨的“紧箍咒”，让毛毛不得不为了3年后的高考而努力准备。就这样，高考的压力压得她喘不过气来，于是，那个曾经以为执着的梦想渐渐地在心里隐藏了起来，扎了根，却开不了花。

如今，毛毛已经是一名大三的学生了。偶然间，她又想起了那首令人陶醉的吉他曲，想起了那个藏在心底的多年的梦。

可是此时，毛毛发现，现在学习已经晚了，手也练不开了，心也无法安静下来。

想到这里，毛毛知道，自己这辈子将会和吉他无缘了。

带着些许的遗憾，毛毛把心事告诉了好朋友美艳。

美艳的观点和毛毛有所不同，她不觉得现在学就来不及。她对毛毛说：“如果这是你的梦想，你就应该尽力去尝试，否则它会成为你永远的遗憾。不管做什么，都是从现在开始的，否则永远都迟了一步。”

在好友的鼓励下，毛毛决定试一试，否则她会一辈子都感到遗憾的。于是，毛毛马上去买了一把吉他，还参加了学校里组织的“吉他协会”。毛毛成了“吉协”里唯一一个没有任何基础的成员。但在大家的帮助和自己的努力下，毛毛弹奏吉他的水平提高得很快。

终于，半年后的一天，她第一次流畅地弹完了当年在地铁通道里听到的那首曲子——《爱的罗曼史》。弹奏完毕，毛毛忍不住流下了眼泪。她对美艳说："谢谢你，美艳，这首曲子是我送给你的，圆了吉他的梦想是你送给我的最好礼物，谢谢你告诉我'从现在开始，还不迟'。"

或许每个人都有过毛毛这样的梦想，曾经热爱过、追求过、执着过的小梦想，但在某些小挫折和小障碍面前，我们选择了退缩和放弃，让曾经的梦想搁浅在了记忆的沙滩上。等终于有机会再去找回的时候，一句"晚了"，就让自己无奈地望而却步了。

其实，只要想做一件事，永远都不会晚，只要从现在开始，从当下努力，那么一切都来得及！

人生本就短暂。在短暂的一生中，你的努力或许会有回报，或许根本不会得到任何回报。那么，何不尽情地做自己想做的事情呢？说不定哪一天就成功了。

11 无论什么回报，都需要时间的发酵

* 愿意的人，命运领着走。不愿意的人，命运拖着走。

* ——奥斯瓦尔德·斯宾格勒《西方的没落》

20世纪80年代初期，李强和刘毅这两个同村的青年被同一列列车拉进了同一座军营。几个月的新兵训练结束后，他们俩又一起被分到连队当卫生员，两年后，两个人又一起考上军医大学。在大学期间，两人还在同一班，而且成绩不分伯仲。

他们的人生的反差出现在了大学毕业后，从前雷同的人生轨迹戛然而止。

李强被分配至边防哨所，当了一名军医。那是个人迹罕至的

地方，想买一本书看，都要翻过几座山岭。方圆几十里，只有那里有一家书店。

刘毅则去了城里的大医院，周围名医云集，随时都可以接触到最前沿的专业理论。

就这样，两位原本处于同一起跑线上的青年，彼此的境遇在不经意间已经天壤之别。

最初的两年中，李强和刘毅偶尔会通过书信联系。突然有一天，李强写信说："我接到命令，要奔赴老山前线。"刘毅回信说："我接到录取通知书，要到北京读研了。"

在硝烟弥漫的前线阵地，李强在野战医院里救治着一个个伤员。在一次次血与火、生与死的考验中，他的应急救治能力得到快速提升。而此时，忙于花前月下的刘毅此时却经历了人生的第一次挫折——他考试多科没过。或许谁也想不到，李强和刘毅各自命运的转变，在这一刻又一次埋下了伏笔。

战争结束后，李强从前线归来，被分配至一所小医院工作。这里虽然条件简陋，但他非常知足。因为这时候，他可以用业余时间来给自己"充电"，好好弥补曾经耽搁的时光。李强的勤奋和努力得到了领导的认可，他一步步走上了科室领导的岗位。后来，李强决定考研，可连续两次都名落孙山。但是一想到那些在战火